房屋市政工程施工安全监督人员培训考核教材（标准规范）

住房和城乡建设部工程质量安全监管司　组织编写

中国建筑工业出版社

图书在版编目（CIP）数据

房屋市政工程施工安全监督人员培训考核教材. 标准
规范 / 住房和城乡建设部工程质量安全监管司组织编写.
北京：中国建筑工业出版社, 2025.2.（2025.5 重印）-- ISBN 978-7
-112-30904-7

Ⅰ. TU990.05

中国国家版本馆 CIP 数据核字第 2025ZF3777 号

本书按照住房城乡建设部发布的《房屋市政工程施工安全监督人员培训考核大纲》编写，系统梳理了安全监督人员需要掌握的标准、规范、部门规章及行政规范性文件，对于安全监督人员更好地从事监督工作具有重要的参考意义，适合相关从业人员使用。（如有疑问请发送至邮箱：1148678588@qq.com）

责任编辑：王华月　张　磊
责任校对：赵　力

房屋市政工程施工安全监督人员培训考核教材（标准规范）
住房和城乡建设部工程质量安全监管司　组织编写
*
中国建筑工业出版社出版、发行（北京海淀三里河路9号）
各地新华书店、建筑书店经销
北京点击世代文化传媒有限公司制版
建工社（河北）印刷有限公司印刷
*
开本：787 毫米 ×1092 毫米　1/16　印张：12½　字数：276 千字
2025 年 3 月第一版　2025 年 5 月第二次印刷
定价：**49.00** 元
ISBN 978-7-112-30904-7
（44537）

本书编委会

杨海英　韩　煜　张红梅　赵　磊

李　琦　蒋亚星　姜　华　王凯晖

陈生辉　董海亮　李　维　袁　渊

张　蒙　朝泽东　马　贺　赵忠华

金　淮　郭建斌　刘永勤　毛海超

刘　丹　鲁　屹　韩学诠　刘　鑫

高　原　郭星星　王嘉庆　董建宏

张　巍　朱　杰

前　言

房屋市政工程施工安全监督人员是对房屋建筑和市政基础设施工程的建设责任主体履行安全生产职责，执行法律、法规、规章、制度及工程建设强制性标准等情况实施监督的专业技术人员，是保障施工安全的重要防线。实施监督人员考核、落实持证上岗制度是提升房屋市政工程施工安全监管水平、保障人民群众生命财产安全的重要举措。房屋市政工程施工安全监督人员作为防范化解安全风险的关键因素、预防管控的"第一道防线"，既要掌握必要的法律知识和专业技能，也要具备一定的现场实操能力。监督人员经考核合格，由省、自治区、直辖市人民政府住房城乡建设主管部门对考核合格的房屋市政工程施工安全监督机构人员签发考核合格证书后，方可从事施工安全监督工作。

《房屋市政工程施工安全监督人员培训考核大纲》分为法律法规、标准规范、实操案例三个科目，其中，实操案例包括现场事故隐患识别与分析和事故调查与分析。

本系列教材严格按照住房和城乡建设部工程质量安全监管司发布的《房屋市政工程施工安全监督人员培训考核大纲》，由大纲编制专家编写，分法律法规和标准规范两本书。本书为标准规范分册，书中详细列明了安全监督人员需要了解、熟悉、掌握的主要标准、规范、部门规章及行政规范性文件，既可以作为安全监督人员考核应试的学习教材，更可作为平时工作中的案头书，期待本书的出版能对安全监督人员日常工作有所帮助。

由于水平有限，难免存在疏漏和不当之处，诚请广大读者提出宝贵意见，以便于修正。如有疑问请发送邮件至邮箱：1148678588@qq.com。

目　录

一、基坑工程

主要标准规范:《房屋市政工程生产安全重大事故隐患判定标准》(2024版)、《建筑基坑工程监测技术标准》《建筑与市政施工现场安全卫生与职业健康通用规范》《建筑基坑支护技术规程》《建筑施工土石方工程安全技术规范》《建筑深基坑工程施工安全技术规范》《建筑边坡工程技术规范》《建筑与市政地基基础通用规范》《危险性较大的分部分项工程专项施工方案编制指南》

（一）基坑施工中对毗邻建筑物、构筑物和地下管线的专项防护措施的相关要求

1.《建筑地基基础工程施工规范》(GB 51004—2015)

3.0.4 基坑工程施工前应做好准备工作，分析工程现场的工程水文地质条件、邻近地下管线、周围建（构）筑物及地下障碍物等情况。对邻近的地下管线及建（构）筑物应采取相应的保护措施。

2.《建筑深基坑工程施工安全技术规范》(JGJ 311—2013)

11.3.7 邻近建（构）筑物、市政管线出现渗漏损伤时，应立即采取措施，阻止渗漏并应进行加固修复，排除危险源。

3.《建筑基坑工程监测技术标准》(GB 50497—2019)

8.0.9 当出现下列情况之一时，必须立即进行危险报警，并应通知有关各方对基坑支护结构和周边环境保护对象采取应急措施。

1 基坑支护结构的位移值突然明显增大或基坑出现流砂、管涌、隆起、陷落等；

2 基坑支护结构的支撑或锚杆体系出现过大变形、压屈、断裂、松弛或拔出的迹象；

3 基坑周边建筑的结构部分出现危害结构的变形裂缝；

4 基坑周边地面出现较严重的突发裂缝或地下空洞、地面下陷；

5 基坑周边管线变形突然明显增长或出现裂缝、泄漏等；

6 冻土基坑经受冻融循环时，基坑周边土体温度显著上升，发生明显的冻融变形；

7 出现基坑工程设计方提出的其他危险报警情况，或根据当地工程经验判断，出现其他必须进行危险报警的情况。

4.《建筑基坑支护技术规程》(JGJ 120—2012)

3.1.2 基坑支护应满足下列功能要求：

1 保证基坑周边建（构）筑物、地下管线、道路的安全和正常使用。

5.《建筑边坡工程技术规范》(GB 50330—2013)

18.4.1 岩石边坡开挖爆破施工应采取避免边坡及邻近建（构）筑物震害的工程措施。

对因基坑、边坡工程施工可能造成损害的毗邻建筑物、构筑物和地下管线等，未采取专项防护措施判定为重大事故隐患。

（二）基坑支护及开挖的施工要求

1.《建筑施工土石方工程安全技术规范》（JGJ 180—2009）

6.3.2 基坑支护结构必须在达到设计要求的强度后，方可开挖下层土方，严禁提前开挖和超挖。施工过程中，严禁设备或重物碰撞支撑、腰梁、锚杆等基坑支护结构，亦不得在支护结构上放置或悬挂重物。

2.《建筑与市政地基基础通用规范》（GB 55003—2021）

第 7.4.3 条第 1 款：基坑上方开挖的顺序应与设计工况相一致，严禁超挖。

3.《建筑与市政施工现场安全卫生与职业健康通用规范》（GB 55034—2022）

3.5.1 土方开挖的顺序、方法应与设计工况相一致，严禁超挖。

4.《建筑基坑支护技术规程》（JGJ 120—2012）

8.1.3 当基坑开挖面上方的锚杆、土钉、支撑未达到设计要求时，严禁向下超挖土方。

8.1.4 采用锚杆或支撑的支护结构，在未达到设计规定的拆除条件时，严禁拆除锚杆或支撑。

5.《建筑与市政地基基础通用规范》（GB 55003—2021）

7.4.3 基坑开挖和回填施工，应符合下列规定：

1 基坑土方开挖的顺序应与设计工况相一致，严禁超挖；基坑开挖应分层进行，内支撑结构基坑开挖尚应均衡进行；基坑开挖不得损坏支护结构、降水设施和工程桩等；

2 基坑周边施工材料、设施或车辆荷载严禁超过设计要求的地面荷载限值；

3 基坑开挖至坑底标高时，应及时进行坑底封闭，并采取防止水浸、暴露和扰动基底原状土的措施；

4 基坑回填应排除积水，清除虚土和建筑垃圾，填土应按设计要求选料，分层填筑压实，对称进行，且压实系数应满足设计要求。

7.4.4 支护结构施工应符合下列规定：

1 支护结构施工前应进行工艺性试验确定施工技术参数；

2 支护结构的施工与拆除应符合设计工况的要求，并应遵循先撑后挖的原则；

3 支护结构施工与拆除应采取对周边环境的保护措施，不得影响周边建（构）筑物及邻近市政管线与地下设施等的正常使用；支撑结构爆破拆除前，应对永久性结构及周边环境采取隔离防护措施。

基坑、边坡土方超挖且未采取有效措施判定为重大事故隐患。

（三）边坡及基坑的监测要求

1.《建筑与市政施工现场安全卫生与职业健康通用规范》（GB 55034—2022）

3.5.4 边坡及基坑开挖作业过程中，应根据设计和施工方案进行监测。

2.《建筑基坑工程监测技术标准》(GB 50497—2019)

3.0.1 下列基坑应实施基坑工程监测：

1 基坑设计安全等级为一、二级的基坑；

2 开挖深度大于或等于5m的下列基坑：

1）土质基坑；

2）极软岩基坑、破碎的软岩基坑、极破碎的岩体基坑；

3）上部为土体，下部为极软岩、破碎的软岩、极破碎的岩体构成的土岩组合基坑。

3 开挖深度小于5m但现场地质情况和周围环境较复杂的基坑。

3.《建筑基坑支护技术规程》(JGJ 120—2012)

8.2.2 安全等级为一级、二级的支护结构，在基坑开挖过程与支护结构使用期内，必须进行支护结构的水平位移监测和基坑开挖影响范围内建（构）筑物、地面的沉降监测。

4.《建筑边坡工程技术规范》(GB 50330—2013)

19.1.1 边坡塌滑区有重要建（构）物的一级边坡工程施工时必须对坡顶水平位移、垂直位移、地表裂缝和坡顶建（构）筑物变形进行监测。

5.《建筑与市政地基基础通用规范》(GB 55003—2021)

7.1.5 安全等级为一级、二级的支护结构，在基坑开挖过程与支护结构使用期内，必须进行支护结构的水平位移监测和基坑开挖影响范围内建（构）筑物、地面的沉降监测。

7.4.7 基坑工程监测，应符合下列规定：

1 基坑工程施工前，应编制基坑工程监测方案；

2 应根据基坑支护结构的安全等级、周边环境条件、支护类型及施工场地等确定基坑工程监测项目、监测点布置、监测方法、监测频率和监测预警值；

3 基坑降水应对水位降深进行监测，地下水回灌施工应对回灌量和水质进行监测；

8.1.4 位于边坡塌滑区域的建（构）筑物在施工与使用期间，应对坡顶位移、地表裂缝、建（构）筑物沉降变形进行监测。永久性边坡工程竣工后的监测时间不应少于2年。

8.4.8 边坡工程监测应符合下列规定：

1 边坡工程施工前，应编制边坡工程监测方案；

2 应根据边坡支挡结构的安全等级、周边环境条件、支挡结构类型及施工场地等确定边坡工程监测项目、监测点布置、监测方法、监测频率和监测预警值；

3 边坡工程在施工和使用阶段应进行监测与定期维护；

4 边坡工程监测项目出现异常情况或监测数据达到监测预警值时，应立即预警并采取应急处置措施。

深基坑、高切坡施工未进行第三方监测判定为重大事故隐患。

（四）基坑坍塌的常见风险预兆

预兆一：基坑、边坡支护结构或周边建筑物变形值超过设计变形控制值

1.《建筑与市政地基基础通用规范》（GB 55003—2021）

7.4.8 基坑工程监测数据超过预警值，或出现基坑、周边建（构）筑物、管线失稳破坏征兆时，应立即停止基坑危险部位的土方开挖及其他有风险的施工作业，进行风险评估，并采取相应的应急处置措施。

2.《建筑施工土石方工程安全技术规范》（JGJ 180—2009）

6.4.1 深基坑开挖过程中必须进行基坑变形监测，发现异常情况应及时采取措施。

6.4.4 当基坑开挖过程中出现位移超过预警值、地表裂缝或沉陷等情况时，应及时报告有关方面。出现塌方险情等征兆时，应立即停止作业，组织撤离危险区域，并立即通知有关方面进行研究处理。

3.《建筑基坑工程监测技术标准》（GB 50497—2019）

8.0.2 基坑支护结构、周边环境的变形和安全控制应符合下列规定：

3 对周边已有建筑引起的变形不得超过相关技术标准的要求或影响其正常使用；

4.《建筑与市政施工现场安全卫生与职业健康通用规范》（GB 55034—2022）

3.5.5 当基坑出现下列现象时，应及时采取处理措施，处理后方可继续施工。

1 支护结构或周边建筑物变形值超过设计变形控制值；

基坑、边坡支护结构或周边建筑物变形值超过设计变形控制值，且未及时处理判定为重大事故隐患。

预兆二：基坑、边坡侧壁出现大量漏水、流土

1.《建筑深基坑工程施工安全技术规范》（JGJ 311—2013）

6.1.2 基坑支护结构施工应与降水、开挖相互协调，各工况和工序应符合设计要求。

2.《建筑深基坑工程施工安全技术规范》（JGJ 311—2013）

5.4.2 围护结构渗水、流土，可采用坑内引流、封堵或坑外快速注浆的方式进行堵漏；情况严重时应立即回填，再进行处理。

3.《建筑与市政施工现场安全卫生与职业健康通用规范》（GB 55034—2022）

3.5.5 当基坑出现下列现象时，应及时采取处理措施，处理后方可继续施工。

2 基坑侧壁出现大量漏水、流土，或基坑底部出现管涌；

基坑、边坡侧壁出现大量漏水、流土，且未及时处理判定为重大事故隐患。

预兆三：基坑底部出现管涌

1.《建筑深基坑工程施工安全技术规范》（JGJ 311—2013）

5.4.2 开挖底面出现流砂、管涌时，应立即停止挖土施工，根据情况采取回填、降水法降低水头差、设置反滤层封堵流土点等方式进行处理。

2.《建筑与市政施工现场安全卫生与职业健康通用规范》(GB 55034—2022)

3.5.5 当基坑出现下列现象时，应及时采取处理措施，处理后方可继续施工。

2 基坑侧壁出现大量漏水、流土，或基坑底部出现管涌。

3.《建筑与市政地基基础通用规范》(GB 55003—2021)

7.3.1 地下水控制设计应满足基坑坑底抗突涌、坑底和侧壁抗渗流稳定性验算的要求及基坑周边建（构）筑物，地下管线、道路、城市轨道交通等市政设施沉降控制的要求。

基坑底部出现管涌或突涌，且未及时处理判定为重大事故隐患。

预兆四：基坑桩间土流失孔洞深度超过桩径

《建筑与市政施工现场安全卫生与职业健康通用规范》(GB 55034—2022)

3.5.5 当基坑出现下列现象时，应及时采取处理措施，处理后方可继续施工。

3 桩间土流失孔洞深度超过桩径。

基坑桩间土流失孔洞深度超过桩径，且未及时处理判定为重大事故隐患。

（五）开挖深度超过 5m（含 5m）的基坑（槽）的土方开挖、支护、降水工程的管理规定

开挖深度超过 5m（含 5m）的基坑（槽）的土方开挖、支护、降水工程属于超过一定规模的危险性较大的分部分项工程，应执行《危险性较大的分部分项工程安全管理规定》（住房和城乡建设部令第 37 号）中有关超过一定规模的危大工程的管理规定。

（六）基坑施工安全防护的要求

1.《建筑与市政施工现场安全卫生与职业健康通用规范》(GB 55034—2022)

3.14.1 当场地内开挖的槽、坑、沟、池等积水深度超过 0.5m 时，应采取安全防护措施。

3.14.2 水上或水下作业人员，应正确佩戴救生设施。

3.14.3 水上作业时，操作平台或操作面周边应采取安全防护措施。

2.《建筑与市政地基基础通用规范》(GB 55003—2021)

7.4.2 基坑、管沟边沿及边坡等危险地段施工时，应设置安全护栏和明显的警示标志。夜间施工时，现场照明条件应满足施工要求。

（七）爆破作业的环境要求

1.《建筑施工土石方工程安全技术规范》（JGJ 180—2009）

5.1.4 爆破作业环境有下列情况时，严禁进行爆破作业：

1 爆破可能产生不稳定边坡、滑坡、崩塌的危险；

2 爆破可能危及建（构）筑物、公共设施或人员的安全；

3 恶劣天气条件下。

2.《建筑与市政地基基础通用规范》（GB 55003—2021）

8.4.2 边坡岩土开挖施工，应符合下列规定：

1 边坡开挖时，应由上往下依次进行；边坡开挖严禁下部掏挖、无序开挖作业；未经设计确认严禁大面积开挖、爆破作业。

2 土质边坡开挖时，应采取排水措施，坡面及坡脚不得积水。

3 岩质边坡开挖爆破施工应采取避免边坡及邻近建（构）筑物震害的工程措施。

（八）基坑工程出现监测数据报警等险情时的处置措施

1.《建筑深基坑工程施工安全技术规范》（JGJ 311—2013）

5.4.5 基坑工程变形监测数据超过报警值，或出现基坑、周边建（构）筑、管线失稳破坏征兆时，应立即停止施工作业，撤离人员，待险情排除后方可恢复施工。

2.《建筑与市政地基基础通用规范》（GB 55003—2021）

7.4.8 基坑工程监测数据超过预警值，或出现基坑、周边建（构）筑物、管线失稳破坏征兆时，应立即停止基坑危险部位的土方开挖及其他有风险的施工作业，进行风险评估，并采取应急处置措施。

（九）土方开挖的顺序、方法要求

1.《建筑与市政施工现场安全卫生与职业健康通用规范》（GB 55034—2022）

3.5.1 土方开挖的顺序、方法应与设计工况相一致，严禁超挖。

3.5.4 边坡及基坑开挖作业过程中，应根据设计和施工方案进行监测。

2.《建筑施工土石方工程安全技术规范》（JGJ 180—2009）

6.3.2 基坑支护结构必须在达到设计要求的强度后，方可开挖下层土方，严禁提前开挖和超挖。施工过程中，严禁设备或重物碰撞支撑、腰梁、锚杆等基坑支护结构，亦不得在支护结构上放置或悬挂重物。

3.《建筑与市政地基基础通用规范》（GB 55003—2021）

7.4.3 基坑开挖和回填施工，应符合下列规定：

1 基坑土方开挖的顺序应与设计工况一致，严禁超挖；基坑开挖应分层进行，内支撑结构基坑开挖尚应均衡进行；基坑开挖不得损坏支护结构、降水设施和工程桩等；

3 基坑开挖至坑底标高时，应及时进行坑底封闭，并采取防止水浸、暴露和扰动基底原状土的措施；

8.4.2 边坡岩土开挖施工，应符合下列规定：

1 边坡开挖时，应由上往下依次进行；边坡开挖严禁下部掏挖、无序开挖作业；未经设计确认严禁大面积开挖、爆破作业。

2 土质边坡开挖时，应采取排水措施，坡面及坡脚不得积水。

3 岩质边坡开挖爆破施工应采取避免边坡及邻近建（构）筑物震害的工程措施。

4 边坡开挖后应及时进行防护处理，并应采取封闭措施或进行支挡结构施工。

（十）基坑工程常用截水或排水措施

1.《建筑与市政施工现场安全卫生与职业健康通用规范》（GB 55034—2022）

3.5.2 边坡坡顶、基坑顶部及底部应采取截水或排水措施。

2.《建筑与市政地基基础通用规范》（GB 55003—2021）

7.3.2 当降水可能对基坑周边建（构）筑物、地下管线、道路等市政设施造成危害或对环境造成长期不利影响时，应采用截水、回灌等方法控制地下水。

7.3.3 地下水回灌应采用同层回灌，当采用非同层地下水回灌时，回灌水源的水质不应低于回灌目标含水层的水质。

7.4.6 地下水控制施工应符合下列规定：

1 地表排水系统应能满足明水和地下水的排放要求，地表排水系统应采取防渗措施；

2 降水及回灌施工应设置水位观测井；

3 降水井的出水量及降水效果应满足设计要求；

4 停止降水后，应对降水管采取封井措施；

5 湿陷性黄土地区基坑工程施工时，应采取防止水浸入基坑的处理措施。

8.3.1 边坡工程排水设计应符合下列规定：

1 坡面排水设施应根据地形条件、天然水系、坡面径流量等计算分析确定并进行设置；

2 地下排水设施的设置应根据工程地质和水文地质条件确定，并应与坡面排水设施相协调；

3 排水系统混凝土强度等级不应低于C25。

8.4.2 边坡岩土开挖施工，应符合下列规定：

2 土质边坡开挖时，应采取排水措施，坡面及坡脚不得积水。

8.4.5 喷锚支护施工的坡体泄水孔及截水、排水沟的设置应采取防渗措施。锚杆张拉和锁定合格后，对永久锚杆的锚头应进行密封和防腐处理。

（十一）边坡及基坑周边的堆载规定

1.《建筑与市政施工现场安全卫生与职业健康通用规范》（GB 55034—2022）

3.5.3　边坡及基坑周边堆放材料、停放设备设施或使用机械设备等荷载严禁超过设计要求的地面荷载限值。

2.《建筑基坑支护技术规程》（JGJ 120—2012）

8.1.5　基坑周边施工材料、设施或车辆荷载严禁超过设计要求的地面荷载限值。

3.《建筑与市政地基基础通用规范》（GB 55003—2021）

8.4.2　边坡岩土开挖施工，应符合下列规定：

5 坡肩及边坡稳定影响范围内的堆载，不得超过设计要求的荷载限值。

7.4.3　2 基坑周边施工材料、设施或车辆荷载严禁超过设计要求的地面荷载限值。

4.《建筑深基坑工程施工安全技术规范》（JGJ 311—2013）

8.1.2　2 基坑周边、放坡平台的施工荷载应按设计要求进行控制；

3 基坑开挖的土方不应在邻近建筑及基坑周边影响范围内堆放，当需堆放时应进行承载力和相关稳定性验算。

第 11.2.2　基坑周边使用荷载不应超过设计限值。

11.3.2　基坑工程使用与维护期间，对基坑影响范围内可能出现的交通荷载或大于35kPa的振动荷载，应评估其对基坑工程安全的影响。

基坑周边堆载超过设计允许值判定为重大事故隐患；无支护基坑（槽）周边，在坑底边线周边与开挖深度相等范围内堆载判定为重大事故隐患。

（十二）基坑回填施工要求

1.《建筑与市政施工现场安全卫生与职业健康通用规范》（GB 55034—2022）

3.5.7　基坑回填应在具有挡土功能的结构强度达到设计要求后进行。

3.5.8　回填土应控制土料含水率及分层压实厚度等参数，严禁使用淤泥、沼泽土、泥炭土、冻土、有机土或含生活垃圾的土。

2.《建筑与市政地基基础通用规范》（GB 55003—2021）

7.4.3　基坑开挖和回填施工，应符合下列规定：

4 基坑回填应排除积水，清除虚土和建筑垃圾，填土应按设计要求选料，分层填筑压实，对称进行，且压实系数应满足设计要求。

7.4.9　基坑工程施工验收检验，应符合下列规定：

7 基坑回填时，应对回填施工质量进行检验。

（十三）基坑使用与维护规定

《建筑与市政地基基础通用规范》（GB 55003—2021）

7.1.5　安全等级为一级、二级的支护结构，在基坑开挖过程与支护结构使用期内，必须进行支护结构的水平位移监测和基坑开挖影响范围内建（构）筑物、地面的沉降监测。

（十四）基坑及边坡设计使用年限的相关要求

1.《建筑边坡工程技术规范》（GB 50330—2013）

3.1.3　建筑边坡工程的设计使用年限不应低于被保护的建（构）筑物设计使用年限。

2.《建筑与市政地基基础通用规范》（GB 55003—2021）

2.1.4　地基基础的设计工作年限应符合下列规定：

1 地基与基础的设计工作年限不应低于上部结构的设计工作年限；

2 基坑工程设计应规定工作年限，且设计工作年限不应小于1年；

3 边坡工程的设计工作年限，不应小于被保护的建（构）筑物、道路、桥梁、市政管线等市政设施的设计工作年限。

（十五）专项施工方案的主要内容

1.《建筑与市政地基基础通用规范》（GB 55003—2021）

7.4.1　基坑工程施工前，应编制基坑工程专项施工方案，其内容应包括：支护结构、地下水控制、土方开挖和回填等施工技术参数，基坑工程施工工艺流程，基坑工程施工方法，基坑工程施工安全技术措施，应急预案，工程监测要求等。

8.4.1　边坡工程施工前，应编制边坡工程专项施工方案，其内容应包括：支挡结构、边坡工程排水与坡面防护、岩土开挖等施工技术参数，边坡工程施工工艺流程，边坡工程施工方法，边坡工程施工安全技术措施，应急预案，工程监测要求等。

2.《危险性较大的分部分项工程专项施工方案编制指南》

一、基坑工程

（一）工程概况

1.基坑工程概况和特点：

（1）工程基本情况：基坑周长、面积、开挖深度、基坑支护设计安全等级、基坑设计使用年限等。

（2）工程地质情况：地形地貌、地层岩性、不良地质作用和地质灾害、特殊性岩土等情况。

（3）工程水文地质情况：地表水、地下水、地层渗透性与地下水补给排泄等情况。

（4）施工地的气候特征和季节性天气。

（5）主要工程量清单。

2.周边环境条件：

（1）邻近建（构）筑物、道路及地下管线与基坑工程的位置关系。

（2）邻近建（构）筑物的工程重要性、层数、结构形式、基础形式、基础埋深、桩基础或复合地基增强体的平面布置、桩长等设计参数、建设及竣工时间、结构完好情况及使用状况。

（3）邻近道路的重要性、道路特征、使用情况。

（4）地下管线（包括供水、排水、燃气、热力、供电、通信、消防等）的重要性、规格、埋置深度、使用情况以及废弃的供、排水管线情况。

（5）环境平面图应标注与工程之间的平面关系及尺寸，条件复杂时，还应画剖面图并标注剖切线及剖面号，剖面图应标注邻近建（构）筑物的埋深、地下管线的用途、材质、管径尺寸、埋深等。

（6）临近河、湖、管渠、水坝等位置，应查阅历史资料，明确汛期水位高度，并分析对基坑可能产生的影响。

（7）相邻区域内正在施工或使用的基坑工程状况。

（8）邻近高压线铁塔、信号塔等构筑物及其对施工作业设备限高、限接距离等情况。

3.基坑支护、地下水控制及土方开挖设计（包括基坑支护平面、剖面布置，施工降水、帷幕隔水，土方开挖方式及布置，土方开挖与加撑的关系）。

4.施工平面布置：基坑围护结构施工及土方开挖阶段的施工总平面布置（含临水、临电、安全文明施工现场要求及危大工程标识等）及说明，基坑周边使用条件。

5.施工要求：明确质量安全目标要求，工期要求（本工程开工日期、计划竣工日期），基坑工程计划开工日期、计划完工日期。

6.风险辨识与分级：风险因素辨识及基坑安全风险分级。

7.参建各方责任主体单位。

（二）编制依据

1.法律依据：基坑工程所依据的相关法律、法规、规范性文件、标准、规范等。

2.项目文件：施工合同（施工承包模式）、勘察文件、基坑设计施工图纸、现状地形及影响范围管线探测或查询资料、相关设计文件、地质灾害危险性评价报告、业主相关规定、管线图等。

3.施工组织设计等。

（三）施工计划

1.施工进度计划：基坑工程的施工进度安排，具体到各分项工程的进度安排。

2.材料与设备计划等：机械设备配置，主要材料及周转材料需求计划，主要材料投入计划、力学性能要求及取样复试详细要求，试验计划。

3. 劳动力计划。

（四）施工工艺技术

1. 技术参数：支护结构施工、降水、帷幕、关键设备等工艺技术参数。

2. 工艺流程：基坑工程总的施工工艺流程和分项工程工艺流程。

3. 施工方法及操作要求：基坑工程施工前准备，地下水控制、支护施工、土方开挖等工艺流程、要点，常见问题及预防、处理措施。

4. 检查要求：基坑工程所用的材料进场质量检查、抽检，基坑施工过程中各工序检验内容及检验标准。

（五）施工保证措施

1. 组织保障措施：安全组织机构、安全保证体系及相应人员安全职责等。

2. 技术措施：安全保证措施、质量技术保证措施、文明施工保证措施、环境保护措施、季节性施工保证措施等。

3. 监测监控措施：监测组织机构，监测范围、监测项目、监测方法、监测频率、预警值及控制值、巡视检查、信息反馈，监测点布置图等。

（六）施工管理及作业人员配备和分工

1. 施工管理人员：管理人员名单及岗位职责（如项目负责人、项目技术负责人、施工员、质量员、各班组长等）。

2. 专职安全人员：专职安全生产管理人员名单及岗位职责。

3. 特种作业人员：特种作业人员持证人员名单及岗位职责。

4. 其他作业人员：其他人员名单及岗位职责。

（七）验收要求

1. 验收标准：根据施工工艺明确相关验收标准及验收条件。

2. 验收程序及人员：具体验收程序，确定验收人员组成（建设、勘察、设计、施工、监理、监测等单位相关负责人）。

3. 验收内容：基坑开挖至基底且变形相对稳定后支护结构顶部水平位移及沉降、建（构）筑物沉降、周边道路及管线沉降、锚杆（支撑）轴力控制值，坡顶（底）排水措施和基坑侧壁完整性。

（八）应急处置措施

1. 应急处置领导小组组成与职责、应急救援小组组成与职责，包括抢险、安保、后勤、医救、善后、应急救援工作流程、联系方式等。

2. 应急事件（重大隐患和事故）及其应急措施。

3. 周边建（构）筑物、道路、地下管线等产权单位各方联系方式、救援医院信息（名称、电话、救援线路）。

4. 应急物资准备。

（九）计算书及相关施工图纸

1. 施工设计计算书（如基坑为专业资质单位正式施工图设计，此附件可略）。

2. 相关施工图纸：施工总平面布置图、基坑周边环境平面图、监测点平面图、基坑土方开挖示意图、基坑施工顺序示意图、基坑马道收尾示意图等。

（十六）监测方案编制及审核要求

1.《建筑基坑工程监测技术标准》（GB 50497—2019）

3.0.3 基坑工程施工前，应由建设方委托具备相应能力的第三方对基坑工程实施现场监测。监测单位应编制监测方案，监测方案应经建设方、设计方等认可，必要时还应与基坑周边环境涉及的有关管理单位协商一致后方可实施。

2.《危险性较大的分部分项工程安全管理规定》（住房和城乡建设部令第37号）

第二十条　对于按照规定需要进行第三方监测的危大工程，建设单位应当委托具有相应勘察资质的单位进行监测。

监测单位应当编制监测方案。监测方案由监测单位技术负责人审核签字并加盖单位公章，报送监理单位后方可实施。

监测单位应当按照监测方案开展监测，及时向建设单位报送监测成果，并对监测成果负责；发现异常时，及时向建设、设计、施工、监理单位报告，建设单位应当立即组织相关单位采取处置措施。

3.《住房城乡建设部办公厅关于实施〈危险性较大的分部分项工程安全管理规定〉有关问题的通知》（建办质〔2018〕31号）

第六条　关于监测方案内容——进行第三方监测的危大工程监测方案的主要内容应当包括工程概况、监测依据、监测内容、监测方法、人员及设备、测点布置与保护、监测频次、预警标准及监测成果报送等。

（十七）第三方监测数据及相关的对比分析报告

《建筑基坑工程监测技术标准》（GB 50497—2019）

9.0.1 监测单位应对整个项目的监测方案实施以及监测技术成果的真实性、可靠性负责，监测技术成果应有相关负责人签字，并加盖成果章。

9.0.2 现场监测资料宜包括外业观测记录、巡视检查记录、记事项目以及视频及仪器电子数据资料等。现场监测资料的整理应符合下列规定：

1 外业观测值和记事项目应真实完整，并应在现场直接记录在观测记录表中；任何原始记录不得涂改、伪造和转抄；采用电子方式记录的数据，应完整存储在可靠的介质上。

2 监测记录应有相应的工况描述。

3 使用正式的监测记录表格。

4 监测记录应有相关责任人签字。

9.0.3 取得现场监测资料后，应及时进行整理、分析。监测数据出现异常时，应分析原因，必要时应进行复测。

9.0.4 监测项目的数据分析应结合施工工况、地质条件、环境条件以及相关监测项目监测数据的变化进行，并对其发展趋势做出预测。

（十八）施工各阶段验收要求

《建筑与市政地基基础通用规范》（GB 55003—2021）

7.4.9 基坑工程施工验收检验，应符合下列规定：

1 水泥土支护结构应对水泥土强度和深度进行检验；

2 排桩支护结构、地下连续墙应对混凝土强度、桩身（体）完整性和深度进行检验，嵌岩支护结构应对桩端的岩性进行检验；

3 混凝土内支撑应对混凝土强度和截面尺寸进行检验，钢支撑应对截面尺寸和预加力进行检验；

4 土钉、锚杆应进行抗拔承载力检验；

5 基坑降水应对降水深度进行检验，基坑回灌应对回灌量和回灌水位进行检验；

6 基坑开挖应对坑底标高进行检验；

7 基坑回填时，应对回填施工质量进行检验。

8.4.9 边坡工程施工验收检验，应符合下列规定：

1 采用挡土墙时，应对挡土墙埋置深度、墙身材料强度、墙后回填土分层压实系数进行检验；

2 抗滑桩、排桩式锚杆挡墙的桩基，应进行成桩质量和桩身强度检验；

3 喷锚支护锚杆应进行抗拔承载力检验、喷射混凝土强度检验。

（十九）基坑工程日常检查的相关规定

1.《建筑基坑工程监测技术标准》（GB 50497—2019）

4.3.1 基坑工程施工和使用期内，每天均应由专人进行巡视检查。

4.3.2 基坑工程巡视检查宜包括以下内容：

1 支护结构：

1）支护结构成型质量；

2）冠梁、支撑、围檩或腰梁是否有裂缝；

3）冠梁、围或腰梁的连续性，有无过大变形；

4）围檩或腰梁与围护桩的密贴性，围檩与支撑的防坠落措施；

5）锚杆垫板有无松动、变形；

6）立柱有无倾斜、沉陷或隆起；

7）止水帷幕有无开裂、渗漏水；

8）基坑有无涌土、流砂、管涌；

9）面层有无开裂、脱落。

2 施工状况：

1）开挖后暴露的岩土体情况与岩土勘察报告有无差异；

2）开挖分段长度、分层厚度及支撑（锚杆）设置是否与设计要求一致；

3）基坑侧壁开挖暴露面是否及时封闭；

4）支撑、锚杆是否施工及时；

5）边坡、侧壁及周边地表的截水、排水措施是否到位，坑边或坑底有无积水；

6）基坑降水、回灌设施运转是否正常；

7）基坑周边地面有无超载。

3 周边环境：

1）周边管线有无破损、泄漏情况；

2）围护墙后土体有无沉陷、裂缝及滑移现象；

3）周边建筑有无新增裂缝出现；

4）周边道路（地面）有无裂缝、沉陷；

5）邻近基坑施工（堆载、开挖、降水或回灌、打桩等）变化情况；

6）存在水力联系的邻近水体（湖泊、河流、水库等）的水位变化情况。

4 监测设施：

1）基准点、监测点完好状况；

2）监测元件的完好及保护情况；

3）有无影响观测工作的障碍物。

2.《建筑基坑支护技术规程》（JGJ 120—2012）

8.2.22 在支护结构施工、基坑开挖期间以及支护结构使用期内，应对支护结构和周边环境的状况随时进行巡查，现场巡查时应检查有无下列现象及其发展情况：

1 基坑外地面和道路开裂、沉陷；

2 基坑周边建筑物开裂、倾斜；

3 基坑周边水管漏水、破裂，燃气管漏气；

4 挡土构件表面开裂；

5 锚杆锚头松动，锚杆杆体滑动，腰梁和锚杆支座变形，连接破损等；

6 支撑构件变形、开裂；

7 土钉墙土钉滑脱，土钉墙面层开裂和错动；

8 基坑侧壁和截水帷幕渗水、漏水、流砂等；

9 降水井抽水不正常，基坑排水不通畅。

二、脚手架工程

主要标准规范:《房屋市政工程生产安全重大事故隐患判定标准》(2024版)、《施工脚手架通用规范》《建筑与市政施工现场安全卫生与职业健康通用规范》《建筑施工扣件式钢管脚手架安全技术规范》《建筑施工碗扣式钢管脚手架安全技术规范》《建筑施工工具式脚手架安全技术规范》《建筑施工高处作业安全技术规范》《危险性较大的分部分项工程专项施工方案编制指南》

普通脚手架

(一)脚手架工程的地基基础的设置要求

1.《建筑施工扣件式钢管脚手架安全技术规范》(JGJ 130—2011)

7.2.1 脚手架地基与基础的施工,应根据脚手架所受荷载、搭设高度、搭设场所土质情况与现行国家标准《建筑地基基础工程施工质量验收规范》GB 50202的有关规定进行。

2.《施工脚手架通用规范》(GB 55023—2022)

第4.1.3条 脚手架地基应符合下列规定:

1 应平整坚实,应满足承载力和变形要求;

2 应设置排水措施,搭设场地不应积水;

3 冬期施工应采取防冻胀措施。

脚手架工程的基础承载力和变形不满足设计要求判定为重大事故隐患。

(二)脚手架架体连墙件的设置要求

1.《施工脚手架通用规范》(GB 55023—2022)

4.4.6 作业脚手架应按设计计算和构造要求设置连墙件,并应符合下列要求:

1 连墙件应采用能承受压力和拉力的刚性构件,并应与工程结构和架体连接牢固;

2 连墙点的水平间距不得超过3跨,竖向间距不得超过3步,连墙点之上架体的悬臂高度不应超过2步;

3 在架体的转角处、开口型作业脚手架端部应增设连墙件,连墙件竖向间距不应大于建筑物层高,且不应大于4m。

5.2.2 作业脚手架连墙件安装应符合下列规定:

1 连墙件的安装应随作业脚手架搭设同步进行;

2 当作业脚手架操作层高出相邻连墙件2个步距及以上时在上层连墙件安装完毕前,应采取临时拉结措施。

5.4.2 作业脚手架连墙件应随架体逐层、同步拆除，不应先将连墙件整层或数层拆除后再拆架体。

2.《建筑施工扣件式钢管脚手架安全技术规范》（JGJ 130—2011）

6.4.4 开口型脚手架的两端必须设置连墙件，连墙件的垂直间距不应大于建筑物的层高，并且不应大于4m。

3.《建筑施工碗扣式钢管脚手架安全技术规范》（JGJ 166—2016）

7.4.7 双排脚手架的拆除作业，必须符合下列规定：

2 连墙件应随脚手架逐层拆除，严禁先将连墙件整层或数层拆除后再拆除架体；

脚手架工程整层或整面未设置连墙件判定为重大事故隐患。

（三）附着式升降脚手架防坠落、防倾覆安全装置设置和使用要求

1.《施工脚手架通用规范》（GB 55023—2022）

4.4.9 附着式升降脚手架应符合下列规定：

1 竖向主框架、水平支承桁架应采用桁架或刚架结构，杆件应采用焊接或螺栓连接；

2 应设有防倾、防坠、停层、荷载、同步升降控制装置，各类装置应灵敏可靠；

5.3.4 附着式升降脚手架支座应稳固，防倾、防坠、停层、荷载、同步升降控制装置应处于良好工作状态，架体升降应正常平稳。

5.3.10 附着式升降脚手架在使用过程中不得拆除防倾、防坠、停层、荷载、同步升降控制装置。

6.0.3 附着式升降脚手架支座及防倾、防坠、荷载控制装置、悬挑脚手架悬挑结构件等涉及架体使用安全的构配件应全数检验。

2.《建筑施工工具式脚手架安全技术规范》（JGJ 202—2010）

4.5.1 附着式升降脚手架必须具有防倾覆、防坠落和同步升降控制的安全装置。

4.5.3 防坠落装置必须符合下列规定：

1 防坠落装置应设置在竖向主框架处并附着在建筑结构上，每一升降点不得少于一个防坠落装置，防坠落装置在使用和升降工况下都必须起作用；

2 防坠落装置必须是机械式的全自动装置，严禁使用每次升降都需重组的；

3 防坠落装置技术性能除应满足承载能力要求外，还应符合表4.5.3规定；

防坠落装置技术性能　　　　　　　　　　　　　　　　　表4.5.3

脚手架类别	制动距离（mm）
整体式升降脚手架	≤ 80
单片式升降脚手架	≤ 150

4 防坠落装置应具有防尘、防污染的措施，并应灵敏可靠和运转自如；

5 防坠落装置与升降设备必须分别独立固定在建筑结构上；

6 钢吊杆式防坠落装置，钢吊杆规格应由计算确定，且不应小于 $\phi 25mm$。

附着式升降脚手架的防倾覆、防坠落或同步升降控制装置不符合设计要求、失效判定为重大事故隐患。

（四）悬挑脚手架型钢、吊耳等主要悬挑构件及固定措施

1.《建筑施工扣件式钢管脚手架安全技术规范》(JGJ 130—2011)

3.5.1 悬挑脚手架用型钢的材质应符合现行国家标准《碳素结构钢》GB/T 700 或《低合金高强度结构钢》GB/T 1591 的规定。

3.5.2 用于固定型钢悬挑梁的U型钢筋拉环或锚固螺栓材质应符合现行国家标准《钢筋混凝土用钢 第 1 部分：热轧光圆钢筋》GB 1499.1 中 HPB235 级钢筋的规定。

6.10.2 型钢悬挑梁宜采用双轴对称截面的型钢。悬挑钢梁型号及锚固件应按设计确定，钢梁截面高度不应小于160mm。悬挑梁尾端应在两处及以上固定于钢筋混凝土梁板结构上。锚固型钢悬挑梁的U形钢筋拉环或锚固螺栓直径不宜小于16 mm（图 6.10.2）。

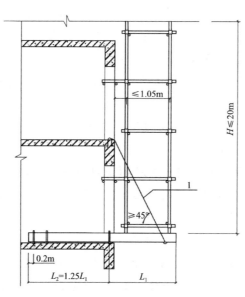

图 6.10.2 型钢悬挑脚手架构造

1——钢丝绳或钢拉杆

6.10.3 用于锚固的 U 形钢筋拉环或螺栓应采用冷弯成型。U 形钢筋拉环、锚固螺栓与型钢间隙应用钢楔或硬木楔楔紧。

6.10.4 每个型钢悬挑梁外端宜设置钢丝绳或钢拉杆与上一层建筑结构斜拉结钢丝绳、钢拉杆不参与悬挑钢梁受力计算；钢丝绳与建筑结构拉结的吊环应使用HPB235级钢筋，其直径不宜小于20mm，吊环预埋锚固长度应符合现行国家标准《混凝土结构设计规范》GB 50010 中钢筋锚固的规定（图 6.10.2）。

6.10.5　悬挑钢梁悬挑长度应按设计确定，固定段长度不应小于悬挑段长度的 1.25 倍。型钢悬挑梁固定端应采用 2 个（对）及以上 U 形钢筋拉环或锚固螺栓与建筑结构梁板固定，U 形钢筋拉环或锚固螺栓应预埋至混凝土梁、板底层钢筋位置，并应与混凝土梁、板底层钢筋焊接或绑扎牢固，其锚固长度应符合现行国家标准《混凝土结构设计规范》GB 50010 中钢筋锚固的规定（图 6.10.5-1 ~ 图 6.10.5-3）。

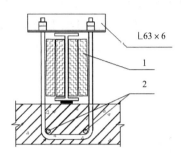

图 6.10.5-1　悬挑钢梁 U 形螺栓固定构造

1——木楔侧向楔紧；2——两根 1.5m 长直径 18mmHRB335 钢筋

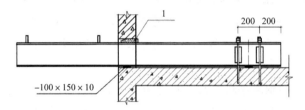

图 6.10.5-2　悬挑钢梁穿墙构造

1——木楔楔紧

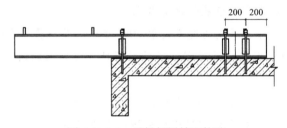

图 6.10.5-3　悬挑钢梁楼面构造

6.10.6　当型钢悬挑梁与建筑结构采用螺栓钢压板连接固定时，钢压板尺寸不应小于 100mm×10mm（宽 × 厚）；当采用螺栓角钢压板连接时，角钢的规格不应小于 63mm×63mm×6mm。

2.《施工脚手架通用规范》(GB 55023—2022)

5.2.3　悬挑脚手架、附着式升降脚手架在搭设时，悬挑支承结构、附着支座的锚固应稳固可靠。

5.3.4　脚手架在使用过程中，应定期进行检查并形成记录，脚手架工作状态应符合下列规定：

5 悬挑脚手架的悬挑支承结构应稳固。

（五）搭设高度 50m 及以上的落地式钢管脚手架工程的管理规定

搭设高度 50m 及以上的落地式钢管脚手架工程属于超过一定规模的危险性较大的分部分项工程，应执行《危险性较大的分部分项工程安全管理规定》（住房和城乡建设部令第 37 号）中有关超过一定规模的危大工程的管理规定。具体要求详见基坑工程中第（五）条的相关内容。

（六）架体安全防护要求

1.《施工脚手架通用规范》（GB 55023—2022）

4.4.4 脚手架作业层应采取安全防护措施，并应符合下列规定：

1 作业脚手架、满堂支撑脚手架、附着式升降脚手架作业层应满铺脚手板，并应满足稳固可靠的要求。当作业层边缘与结构外表面的距离大于 150mm 时，应采取防护措施。

2 采用挂钩连接的钢脚手板，应带有自锁装置且与作业层水平杆锁紧。

3 木脚手板、竹串片脚手板、竹芭脚手板应有可靠的水平杆支承，并应绑扎稳固。

4 脚手架作业层外边缘应设置防护栏杆和挡脚板。

5 作业脚手架底层脚手板应采取封闭措施。

6 沿所施工建筑物每 3 层或高度不大于 10m 处应设置一层水平防护。

7 作业层外侧应采用安全网封闭。当采用密目安全网封闭时，密目安全网应满足阻燃要求。

8 脚手板伸出横向水平杆以外的部分不应大于 200mm。

5.2.4 脚手架安全防护网和防护栏杆等防护设施应随架体搭设同步安装到位。

2.《建筑施工高处作业安全技术规范》（JGJ 80—2016）

4.1.1 坠落高度基准面 2m 及以上进行临边作业时，应在临空一侧设置防护栏杆，并应采用密目式安全立网或工具式栏板封闭。

（七）可调托撑和支托板的设置要求

1.《建筑施工扣件式钢管脚手架安全技术规范》（JGJ 130—2011）

3.4.3 可调托撑受压承载力设计值不应小于 40kN，支托板厚不应小于 5mm。

2.《施工脚手架通用规范》（GB 55023—2022）

4.4.15　脚手架可调底座和可调托撑调节螺杆插入脚手架立杆内的长度不应小于150mm，且调节螺杆伸出长度应经计算确定，并应符合下列规定：

1 当插入的立杆钢管直径为 42mm 时，伸出长度不应大于 200mm；

2 当插入的立杆钢管直径为 48.3mm 及以上时，伸出长度不应大于 500mm。

4.4.16　可调底座和可调托撑螺杆插入脚手架立杆钢管内的间隙不应大于 2.5mm。

（八）架体扫地杆的设置要求

1.《施工脚手架通用规范》（GB 55023—2022）

4.4.5　脚手架底部立杆应设置纵向和横向扫地杆，扫地杆应与相邻立杆连接稳固。

2.《建筑施工扣件式钢管脚手架安全技术规范》（JGJ 130—2011）

6.3.2　脚手架必须设置纵、横向扫地杆。纵向扫地杆应采用直角扣件固定在距钢管底端不大于200mm处的立杆上。横向扫地杆应采用直角扣件固定在紧靠纵向扫地杆下方的立杆上。

（九）架体上脚手板的设置要求

《施工脚手架通用规范》（GB 55023—2022）

4.4.4　脚手架作业层应采取安全防护措施，并应符合下列规定：

1 作业脚手架、满堂支撑脚手架、附着式升降脚手架作业层应满铺脚手板，并应满足稳固可靠的要求。当作业层边缘与结构外表面的距离大于150mm时，应采取防护措施。

2 采用挂钩连接的钢脚手板，应带有自锁装置且与作业层水平杆锁紧。

3 木脚手板、竹串片脚手板、竹芭脚手板应有可靠的水平杆支承，并应绑扎稳固。

5 作业脚手架底层脚手板应采取封闭措施。

8 脚手板伸出横向水平杆以外的部分不应大于200mm。

（十）架体步距、跨距搭设要求

1.《施工脚手架通用规范》（GB 55023—2022）

4.4.3　脚手架立杆间距、步距应通过设计确定。

5.2.1　脚手架应按顺序搭设，并应符合下列规定：

1 落地作业脚手架、悬挑脚手架的搭设应与主体结构工程施工同步，一次搭设高度不应超过最上层连墙件2步，且自由高度不应大于4m；

2 剪刀撑、斜撑杆等加固杆件应随架体同步搭设；

3 构件组装类脚手架的搭设应自一端向另一端延伸，应自下而上按步逐层搭设；并应逐层改变搭设方向；

4 每搭设完一步距架体后，应及时校正立杆间距、步距垂直度及水平杆的水平度。

2.《建筑施工扣件式钢管脚手架安全技术规范》（JGJ 130—2011）

6.3.3 脚手架立杆基础不在同一高度上时，必须将高处的纵向扫地杆向低处延长两跨与立杆固定，高低差不应大于1m。靠边坡上方的立杆轴线到边坡的距离不应小于500mm。

3.《建筑施工工具式脚手架安全技术规范》（JGJ 202—2010）

4.4.2 附着式升降脚手架结构构造的尺寸应符合下列规定：

1 架体高度不得大于5倍楼层高；

2 架体宽度不得大于1.2m；

3 直线布置的架体支承跨度不得大于7m，折线或曲线布置的架体，相邻两主框架支撑点处的架体外侧距离不得大于5.4m；

4 架体的水平悬挑长度不得大于2m，且不得大于跨度的1/2；

5 架体全高与支承跨度的乘积不得大于110m²。

（十一）脚手架立杆接长的相关要求

《建筑施工扣件式钢管脚手架安全技术规范》（JGJ 130—2011）

6.3.5 单排、双排与满堂脚手架立杆接长除顶层顶步外，其余各层各步接头必须采用对接扣件连接。

6.3.6 脚手架立杆的对接、搭接应符合下列规定：

1 当立杆采用对接接长时，立杆的对接扣件应交错布置，两根相邻立杆的接头不应设置在同步内，同步内隔一根立杆的两个相隔接头在高度方向错开的距离不宜小于500mm；各接头中心至主节点的距离不宜大于步距的1/3；

2 当立杆采用搭接接长时，搭接长度不应小于1m，并应采用不少于2个旋转扣件固定。端部扣件盖板的边缘至杆端距离不应小于100mm。

（十二）开口型脚手架加固措施

《建筑施工扣件式钢管脚手架安全技术规范》（JGJ 130—2011）

6.4.4 开口型脚手架的两端必须设置连墙件，连墙件的垂直间距不应大于建筑物的层高，并且不应大于4m。

6.6.5 开口型双排脚手架的两端均必须设置横向斜撑。

（十三）脚手架剪刀撑设置要求

1.《施工脚手架通用规范》（GB 55023—2022）

4.4.7 作业脚手架的纵向外侧立面上应设置竖向剪刀撑，并应符合下列规定：

1 每道剪刀撑的宽度应为 4 跨～6 跨，且不应小于 6m，也不应大于 9m；剪刀撑斜杆与水平面的倾角应在 45°～60° 之间；

2 当搭设高度在 24m 以下时，应在架体两、转角及中间每隔不超过 15m 各设置一道剪刀撑，并应由底至顶连续设置；当搭设高度在 24m 及以上时，应在全外侧立面上由底至顶连续设置；

3 悬挑脚手架、附着式升降脚手架应在全外侧立面上由底至顶连续设置。

2.《建筑施工扣件式钢管脚手架安全技术规范》（JGJ 130—2011）

6.6.3 高度在 24m 及以上的双排脚手架应在外侧全立面连续设置剪刀撑；高度在 24m 以下的单、双排脚手架，均必须在外侧两端、转角及中间间隔不超过 15m 的立面上，各设置一道剪刀撑，并应由底至顶连续设置。

（十四）脚手架拆除作业的相关要求

1.《施工脚手架通用规范》（GB 55023—2022）

2.0.4 脚手架搭设和拆除作业前，应将脚手架专项施工方案向施工现场管理人员及作业人员进行安全技术交底。

5.1.1 搭设和拆除脚手架作业应有相应的安全措施，操作人员应佩戴个人防护用品，应穿防滑鞋。

5.1.2 在搭设和拆除脚手架作业时，应设置安全警戒线、警戒标志，并应由专人监护，严禁非作业人员入内。

5.1.4 当在狭小空间或空气不流通空间进行搭设、使用和拆除脚手架作业时，应采取保证足够的氧气供应措施，并应防止有毒有害、易燃易爆物质积聚。

5.4.1 脚手架拆除前，应清除作业层上的堆放物。

5.4.2 脚手架的拆除作业应符合下列规定：

1 架体拆除应按自上而下的顺序按步逐层进行，不应上下同时作业。

2 同层杆件和构配件应按先外后内的顺序拆除；剪刀撑、斜撑杆等加固杆件应在拆卸至该部位杆件时拆除。

3 作业脚手架连墙件应随架体逐层、同步拆除，不应先将连墙件整层或数层拆除后再拆架体。

4 作业脚手架拆除作业过程中，当架体悬臂段高度超过 2 步时，应加设临时拉结。

5.4.3 作业脚手架分段拆除时，应先对未拆除部分采取加固处理措施后再进行架体拆除。

5.4.4　架体拆除作业应统一组织，并应设专人指挥，不得交叉作业。

5.4.5　严禁高空抛掷拆除后的脚手架材料与构配件。

2.《建筑施工扣件式钢管脚手架安全技术规范》(JGJ 130—2011)

7.4.2　单、双排脚手架拆除作业必须由上而下逐层进行，严禁上下同时作业；连墙件必须随脚手架逐层拆除，严禁先将连墙件整层或数层拆除后再拆脚手架；分段拆除高差大于两步时，应增设连墙件加固。

3.《建筑施工碗扣式钢管脚手架安全技术规范》(JGJ 166—2016)

7.4.7　双排脚手架的拆除作业，必须符合下列规定：

1 架体拆除应自上而下逐层进行，严禁上下层同时拆除；

2 连墙件应随脚手架逐层拆除，严禁先将连墙件整层或数层拆除后再拆除架体；

3 拆除作业过程中，当架体的自由端高度大于两步时，必须增设临时拉结件。

（十五）扣件进入施工现场的检查和复试的相关要求

1.《施工脚手架通用规范》(GB 55023—2022)

6.0.1　对搭设脚手架的材料、构配件质量，应按进场批次分品种、规格进行检验，检验合格后方可使用。

6.0.2　脚手架材料、构配件质量现场检验应采用随机抽样的方法进行外观质量、实测实量检验。

2.《建筑施工扣件式钢管脚手架安全技术规范》(JGJ 130—2011)

8.1.4　扣件进入施工现场应检查产品合格证，并应进行抽样复试，技术性能应符合现行国家标准《钢管脚手架扣件》GB 15831 的规定。扣件在使用前应逐个挑选，有裂缝、变形、螺栓出现滑丝的严禁使用。

（十六）脚手架作业层上的施工荷载要求

1.《施工脚手架通用规范》(GB 55023—2022)

4.2.1　脚手架承受的荷载应包括永久荷载和可变荷载。

4.2.2　脚手架的永久荷载应包括下列内容：

1 脚手架结构件自重；

2 脚手板、安全网、栏杆等附件的自重；

3 支撑脚手架所支撑的物体自重；

4 其他永久荷载。

4.2.3　脚手架的可变荷载应包括下列内容：

1 施工荷载；

2 风荷载；

3 其他可变荷载。

4.2.4　脚手架可变荷载标准值的取值应符合下列规定：

1 应根据实际情况确定作业脚手架上的施工荷载标准值，且不应低于表4.2.4-1的规定。

作业脚手架施工荷载标准值　　　　　　　　表 4.2.4-1

序号	作业脚手架用途	施工荷载标准值（kN/m²）
1	砌筑工程作业	3.0
2	其他主体结构工程作业	2.0
3	装饰装修作业	2.0
4	防护	1.0

2 当作业脚手架上存在2个及以上作业层同时作业时，在同一跨距内各操作层的施工荷载标准值总和取值不应小于5.0kN/m²。

3 应根据实际情况确定支撑脚手架上的施工荷载标准值且不应低于表4.2.4-2的规定。

支撑脚手架施工荷载标准值　　　　　　　　表 4.2.4-2

类别		施工荷载标准值（kN/m²）
混凝土结构模板支撑脚手架	一般	2.5
	有水平泵管设置	4.0
钢结构安装支撑脚手架	轻钢结构、轻钢空间网架结构	2.0
	普通钢结构	3.0
	重型钢结构	3.5

4 支撑脚手架上移动的设备、工具等物品应按其自重计算可变荷载标准值。

4.2.5　在计算水平风荷载标准值时，高耸塔式结构、悬结构等特殊脚手架结构应计入风荷载的脉动增大效应。

4.2.6　对于脚手架上的动力荷载，应将振动、冲击物体的自重乘以动力系数1.35后计入可变荷载标准值。

4.2.7　脚手架设计时，荷载应按承载能力极限状态和正常使用极限状态计算的需要分别进行组合，并应根据正常搭设、使用或拆除过程中在脚手架上可能同时出现的荷载，取最不利的荷载组合。

2.《建筑施工扣件式钢管脚手架安全技术规范》(JGJ 130—2011)

9.0.5　作业层上的施工荷载应符合设计要求，不得超载。不得将模板支架、缆风绳、泵送混凝土和砂浆的输送管等固定在架体上；严禁悬挂起重设备，严禁拆除或移动架体上安全防护设施。

3.《建筑施工碗扣式钢管脚手架安全技术规范》(JGJ 166—2016)

9.0.3　脚手架作业层上的施工荷载不得超过设计允许荷载。

脚手架上堆载超过设计允许值判定为重大事故隐患。

（十七）脚手架的使用过程中的管理规定

1.《施工脚手架通用规范》(GB 55023—2022)

5.3.1　脚手架作业层上的荷载不得超过荷载设计值。

5.3.2　雷雨天气、6级及以上大风天气应停止架上作业；雨、雪、雾天气应停止脚手架的搭设和拆除作业，雨、雪、霜后上架作业应采取有效的防滑措施，雪天应清除积雪。

5.3.3　严禁将支撑脚手架、缆风绳、混凝土输送泵管、卸料平台及大型设备的支承件等固定在作业脚手架上。严禁在作业脚手架上悬挂起重设备。

5.3.4　脚手架在使用过程中，应定期进行检查并形成记录，脚手架工作状态应符合下列规定：

1 主要受力杆件、剪刀撑等加固杆件和连墙件应无缺失、无松动，架体应无明显变形；

2 场地应无积水，立杆底端应无松动、无悬空；

3 安全防护设施应齐全、有效，应无损坏缺失；

4 附着式升降脚手架支座应稳固，防倾、防坠、停层、荷载、同步升降控制装置应处于良好工作状态，架体升降应正常平稳；

5 悬挑脚手架的悬挑支承结构应稳固。

5.3.5　当遇到下列情况之一时，应对脚手架进行检查并应形成记录，确认安全后方可继续使用：

1 承受偶然荷载后；

2 遇有6级及以上强风后；

3 大雨及以上降水后；

4 冻结的地基土解冻后；

5 停用超过1个月；

6 架体部分拆除；

7 其他特殊情况。

5.3.6　脚手架在使用过程中出现安全隐患时，应及时排除；当出现下列状态之一时，应立即撤离作业人员，并应及时组织检查处置：

1 杆件、连接件因超过材料强度破坏，或因连接节点产生滑移，或因过度变形而不适于继续承载；

2 脚手架部分结构失去平衡；

3 脚手架结构杆件发生失稳；

4 脚手架发生整体倾斜；

5 地基部分失去继续承载的能力。

5.3.7 支撑脚手架在浇筑混凝土、工程结构件安装等施加荷载的过程中，架体下严禁有人。

5.3.8 在脚手架内进行电焊、气焊和其他动火作业时，应在动火申请批准后进行作业，并应采取设置接火斗、配置灭火器、移开易燃物等防火措施，同时应设专人监护。

5.3.9 脚手架使用期间，严禁在脚手架立杆基础下方及附近实施挖掘作业。

5.3.10 附着式升降脚手架在使用过程中不得拆除防倾、防坠停层、荷载、同步升降控制装置。

5.3.11 当附着式升降脚手架在升降作业时或外挂防护架在提升作业时，架体上严禁有人，架体下方不得进行交叉作业。

2.《建筑施工扣件式钢管脚手架安全技术规范》（JGJ 130—2011）

9.0.13 在脚手架使用期间，严禁拆除下列杆件：

1 主节点处的纵、横向水平杆，纵、横向扫地杆；

2 连墙件。

9.0.14 当在脚手架使用过程中开挖脚手架基础下的设备基础或管沟时，必须对脚手架采取加固措施。

3.《建筑施工碗扣式钢管脚手架安全技术规范》（JGJ 166—2016）

9.0.7 严禁将模板支撑架、缆风绳、混凝土输送泵管、卸料平台及大型设备的附着件等固定在双排脚手架上。

9.0.11 脚手架使用期间，严禁擅自拆除架体主节点处的纵向水平杆、横向水平杆、纵向扫地杆、横向扫地杆和连墙件。

（十八）专项施工方案的主要内容

《危险性较大的分部分项工程专项施工方案编制指南》

四、脚手架工程

（一）工程概况

1. 脚手架工程概况和特点：本工程及脚手架工程概况，脚手架的类型、搭设区域及高度等。

2. 施工平面及立面布置：本工程施工总体平面布置图及使用脚手架区域的结构平面、立（剖）面图，塔机及施工升降机布置图等。

3. 施工要求：明确质量安全目标要求，工期要求（开工日期、计划竣工日期），脚手架工程搭设日期及拆除日期。

4. 施工地的气候特征和季节性天气。

5. 风险辨识与分级：风险辨识及脚手架体系安全风险分级。

6. 参建各方责任主体单位。

（二）编制依据

1. 法律依据：脚手架工程所依据的相关法律、法规、规范性文件、标准、规范等。

2. 项目文件：施工合同（施工承包模式）、勘察文件、施工图纸等。

3. 施工组织设计等。

（三）施工计划

1. 施工进度计划：总体施工方案及各工序施工方案，施工总体流程、施工顺序及进度。

2. 材料与设备计划：脚手架选用材料的规格型号、设备、数量及进场和退场时间计划安排。

3. 劳动力计划。

（四）施工工艺技术

1. 技术参数：脚手架类型、搭设参数的选择，脚手架基础、架体、附墙支座及连墙件设计等技术参数，动力设备的选择与设计参数，稳定承载计算等技术参数。

2. 工艺流程：脚手架搭设和安装、使用、升降及拆除工艺流程。

3. 施工方法及操作要求：脚手架搭设、构造措施（剪刀撑、周边拉结、基础设置及排水措施等），附着式升降脚手架的安全装置（如防倾覆、防坠落、安全锁等）设置，安全防护设置，脚手架安装、使用、升降及拆除等。

4. 检查要求：脚手架主要材料进场质量检查，阶段检查项目及内容。

（五）施工保证措施

1. 组织保障措施：安全组织机构、安全保证体系及相应人员安全职责等。

2. 技术措施：安全保证措施、质量技术保证措施、文明施工保证措施、环境保护措施、季节性施工保证措施等。

3. 监测监控措施：监测组织机构，监测范围、监测项目、监测方法、监测频率、预警值及控制值、巡视检查、信息反馈、监测点布置图等。

（六）施工管理及作业人员配备和分工

1. 施工管理人员：管理人员名单及岗位职责（如项目负责人、项目技术负责人、施工员、质量员、各班组长等）。

2. 专职安全人员：专职安全生产管理人员名单及岗位职责。

3. 特种作业人员：脚手架搭设、安装及拆除人员持证人员名单及岗位职责。

4. 其他作业人员：其他人员名单及岗位职责（与脚手架安装、拆除、管理有关的人员）。

（七）验收要求

1. 验收标准：根据脚手架类型确定验收标准及验收条件。

2. 验收程序：根据脚手架类型确定脚手架验收阶段、验收项目及验收人员（建设、施工、监理、监测等单位相关负责人）。

3. 验收内容：进场材料及构配件规格型号，构造要求，组装质量，连墙件及附着支撑结构，防倾覆、防坠落、荷载控制系统及动力系统等装置。

（八）应急处置措施

1. 应急处置领导小组组成与职责、应急救援小组组成与职责，包括抢险、安保、后勤、医救、善后、应急救援工作流程、联系方式等。

2. 应急事件（重大隐患和事故）及其应急措施。

3. 救援医院信息（名称、电话、救援线路）。

4. 应急物资准备。

（九）计算书及相关施工图纸

1. 脚手架计算书

（1）落地脚手架计算书：受弯构件的强度和连接扣件的抗滑移、立杆稳定性、连墙件的强度、稳定性和连接强度；落地架立杆地基承载力；悬挑架钢梁挠度；

（2）附着式脚手架计算书：架体结构的稳定计算（厂家提供）、支撑结构穿墙螺栓及螺栓孔混凝土局部承压计算、连接节点计算；

（3）吊篮计算：吊篮基础支撑结构承载力核算、抗倾覆验算、加高支架稳定性验算。

2. 相关设计图纸

（1）脚手架平面布置、立（剖）面图（含剪刀撑布置），脚手架基础节点图，连墙件布置图及节点详图，塔机、施工升降机及其他特殊部位布置及构造图等。

（2）吊篮平面布置、全剖面图，非标吊篮节点图（包括非标支腿、支腿固定稳定措施、钢丝绳非正常固定措施），施工升降机及其他特殊部位（电梯间、高低跨、流水段）布置及构造图等。

（十九）脚手架施工各阶段验收要求

《建筑施工扣件式钢管脚手架安全技术规范》（JGJ 130—2011）

8.2.1 脚手架及其地基基础应在下列阶段进行检查与验收：

1 基础完工后及脚手架搭设前；

2 作业层上施加荷载前；

3 每搭设完 6m～8m 高度后；

4 达到设计高度后；

5 遇有六级强风及以上风或大雨后，冻结地区解冻后；

6 停用超过一个月。

8.2.2 应根据下列技术文件进行脚手架检查、验收：

2 专项施工方案及变更文件；

3 技术交底文件；

（二十）脚手架架体材料和构配件使用要求

《建筑施工扣件式钢管脚手架安全技术规范》（JGJ 130—2011）

8.1.1 新钢管的检查应符合下列规定：

1 应有产品质量合格证；

2 应有质量检验报告，钢管材质检验方法应符合现行国家标准《金属材料室温拉伸试验方法》GB/T 228 的有关规定，其质量应符合本规范第 3.1.1 条的规定；

3 钢管表面应平直光滑，不应有裂缝、结疤、分层、错位、硬弯、毛刺、压痕和深的划道；

4 钢管外径、壁厚、端面等的偏差，应分别符合本规范表 8.1.8 的规定；

5 钢管应涂有防锈漆。

8.1.2 旧钢管的检查应符合下列规定：

1 表面锈蚀深度应符合本规范表 8.1.8 序号 3 的规定。锈蚀检查应每年一次。检查时，应在锈蚀严重的钢管中抽取三根，在每根锈蚀严重的部位横向截断取样检查，当锈蚀深度超过规定值时不得使用；

2 钢管弯曲变形应符合本规范表 8.1.8 序号 4 的规定。

8.1.3 扣件验收应符合下列规定：

1 扣件应有生产许可证、法定检测单位的测试报告和产品质量合格证。当对扣件质量有怀疑时，应按现行国家标准《钢管脚手架扣件》GB 15831 的规定抽样检测；

2 新、旧扣件均应进行防锈处理；

3 扣件的技术要求应符合现行国家标准《钢管脚手架扣件》GB 15831 的相关规定。

8.1.4 扣件进入施工现场应检查产品合格证，并应进行抽样复试，技术性能应符合现行国家标准《钢管脚手架扣件》GB 15831 的规定。扣件在使用前应逐个挑选，有裂缝、变形、螺栓出现滑丝的严禁使用。

8.1.5 脚手板的检查应符合下列规定：

1 冲压钢脚手板

1）新脚手板应有产品质量合格证；

2）尺寸偏差应符合本规范表 8.1.8 序号 5 的规定，且不得有裂纹、开焊与硬弯；

3）新、旧脚手板均应涂防锈漆；

4）应有防滑措施。

2 木脚手板、竹脚手板

1）木脚手板质量应符合本规范第 3.3.3 条的规定，宽度、厚度允许偏差应符合国家标准《木结构工程施工质量验收规范》GB 50206—2002 第 4.3.1 条表 4.3.1 第一项的规定。不得使用扭曲变形、劈裂、腐朽的脚手板；

2）竹笆脚手板、竹串片脚手板的材料应符合本规范第 3.3.4 条的规定。

8.1.6 悬挑脚手架用型钢的质量应符合本规范第 3.5.1 条的规定，并应符合现行国家标准《钢结构工程施工质量验收规范》GB 50205 的有关规定。

8.1.7 可调托撑的检查应符合下列规定：

1 应有产品质量合格证，其质量应符合本规范第 3.4 节的规定；

2 应有质量检验报告，可调托撑抗压承载力应符合本规范第 5.1.7 条的规定；

3 可调托撑支托板厚不应小于 5mm，变形不应大于 1mm；

4 严禁使用有裂缝的支托板、螺母。

构配件允许偏差 表 8.1.8

序号	项目	允许偏差 Δ（mm）	示意图	检查工具
1	焊接钢管尺寸（mm） 外径 48.3 壁厚 3.6	± 0.5 ± 0.36		游标卡尺
2	钢管两端面切斜偏差	1.70		塞尺、拐角尺
3	钢管外表面锈蚀深度	≤ 0.18		游标卡尺
4	钢管弯曲 ①各种杆件钢管的端部弯曲 l ≤ 1.5m	≤ 5		钢板尺
	②立杆钢管弯曲 3m < l ≤ 4m 4m < l ≤ 6.5m	≤ 12 ≤ 20		
	③小平杆、斜杆的钢管弯曲 l ≤ 6.5m	≤ 30		
5	冲压钢脚手板 ①板面挠曲 l ≤ 4m l > 4m	≤ 12 ≤ 16		钢板尺
	②板面扭曲（任一角翘起）	≤ 5		
6	可调托撑支托板变形	1.0		钢板尺、塞尺

（二十一）脚手架工程日常检查的相关规定

《建筑施工扣件式钢管脚手架安全技术规范》（JGJ 130—2011）

8.2.3　脚手架使用中，应定期检查下列要求内容：

1 杆件的设置和连接，连墙件、支撑、门洞桁架等的构造应符合本规范和专项施工方案的要求；

2 地基应无积水，底座应无松动，立杆应无悬空；

3 扣件螺栓应无松动；

4 高度在 24m 以上的双排、满堂脚手架，其立杆的沉降与垂直度的偏差应符合本规范表 8.2.4 项次 1、2 的规定；高度在 20m 以上的满堂支撑架，其立杆的沉降与垂直度的偏差应符合本规范表 8.2.4 项次 1、3 的规定；

5 安全防护措施应符合本规范要求；

6 应无超载使用。

脚手架搭设的技术要求、允许偏差与检验方法　　　　　　表 8.2.4

项次	项目		技术要求	允许偏差 Δ（mm）	示意图	检查方法与工具
1	地基基础	表面	坚实平整	—	—	观察
		排水	不积水			
		垫板	不晃动			
		底座	不滑动			
			不沉降	−10		
2	单、双排与满堂脚手架立杆垂直度	最后验收立杆垂直度（20~50）m	—	±100		用经纬仪或吊线和卷尺

<table>
<tr><td colspan="5">下列脚手架允许水平偏差（mm）</td></tr>
<tr><td rowspan="2">搭设中检查偏差的高度（m）</td><td colspan="3">总高度</td></tr>
<tr><td>50m</td><td>40m</td><td>20m</td></tr>
<tr><td>H=2</td><td>±7</td><td>±7</td><td>±7</td></tr>
<tr><td>H=10</td><td>±20</td><td>±25</td><td>±50</td></tr>
<tr><td>H=20</td><td>±40</td><td>±50</td><td>±100</td></tr>
<tr><td>H=30</td><td>±60</td><td>±75</td><td></td></tr>
<tr><td>H=40</td><td>±80</td><td>±100</td><td></td></tr>
<tr><td>H=50</td><td>±100</td><td></td><td></td></tr>
<tr><td colspan="4">中间档次用插入法</td></tr>
</table>

项次	项目		技术要求	允许偏差 Δ（mm）	示意图	检查方法与工具
3	满堂支撑架立杆垂直度	最后验收垂直度 30m	—	±90		用经纬仪或吊线和卷尺
		下列满堂支撑架允许水平偏差（mm）				
		搭设中检查偏差的高度（m）	总高度			
			30m			
		H=2	±7			
		H=10	±30			
		H=20	±60			
		H=30	±90			
		中间档次用插入法				
4	单双排、满堂脚手架间距	步距	—	±20	—	钢板尺
		纵距	—	±50		
		横距	—	±20		
5	满堂支撑架间距	步距	—	±20		钢板尺
		立杆间距	—	±30		
6	纵向水平杆高差	一根杆的两端	—	±20		水平仪或水平尺
		同跨内两根纵向水平杆高差	—	±10		
7	剪刀撑斜杆与地面的倾角		45°～60°	—		角尺
8	脚手板外伸长度	对接	a=（130～150）mm $l \leqslant 300mm$	—	$l \leqslant 300$	卷尺
		搭接	$a \geqslant 100mm$ $l \geqslant 200mm$	—	$l \geqslant 200$	卷尺
9	扣件安装	主节点处各扣件中心点相互距离	$a \leqslant 150mm$	—		钢板尺
		同步立杆上两个相隔对接扣件的高差	$a \geqslant 500mm$	—		钢卷尺
		立杆上的对接扣件至主节点的距离	$a \leqslant h/3$	—		
9	扣件安装	纵向水平杆上的对接扣件至主节点的距离	$a \leqslant l_a/3$	—		钢卷尺
		扣件螺栓拧紧扭力矩	（40～65）N·m	—	—	扭力扳手

注：图中1—立杆；2—纵向水平杆；3—横向水平杆；4—剪刀撑。

悬挑式脚手架

（一）锚固位置的主体结构混凝土强度规定

《建筑施工扣件式钢管脚手架安全技术规范》（JGJ 130—2011）

6.10.12　锚固型钢的主体结构混凝土强度等级不得低于C20。

（二）架体连墙件的设置要求

《建筑施工扣件式钢管脚手架安全技术规范》（JGJ 130—2011）

6.4.1　脚手架连墙件设置的位置、数量应按专项施工方案确定。

6.4.2　脚手架连墙件数量的设置除应满足本规范的计算要求外，还应符合表6.4.2的规定。

连墙件布置最大间距
表 6.4.2

搭设方法	高度	竖向间距（h）	水平间距（l_a）	每根连墙件覆盖面积（m^2）
双排落地	≤ 50m	$3h$	$3l_a$	≤ 40
双排悬挑	> 50m	$2h$	$3l_a$	≤ 27
单排	≤ 24m	$3h$	$3l_a$	≤ 40

注：h——步距；l_a——纵距。

6.4.3　连墙件的布置应符合下列规定：

1 应靠近主节点设置，偏离主节点的距离不应大于300mm；

2 应从底层第一步纵向水平杆处开始设置，当该处设置有困难时，应采用其他可靠措施固定；

3 应优先采用菱形布置，或采用方形、矩形布置。

6.4.4　开口型脚手架的两端必须设置连墙件，连墙件的垂直间距不应大于建筑物的层高，并且不应大于4m。

6.4.5　连墙件中的连墙杆应呈水平设置，当不能水平设置时，应向脚手架一端下斜连接。

6.4.6　连墙件必须采用可承受拉力和压力的构造。对高度24m以上的双排脚手架，应采用刚性连墙件与建筑物连接。

（三）分段架体搭设高度20m及以上的悬挑式脚手架工程的管理规定

分段架体搭设高度20m及以上的悬挑式脚手架工程属于超过一定规模的危险性较大的分部分项工程，应执行《危险性较大的分部分项工程安全管理规定》（住房和城乡建设部令第37号）中有关超过一定规模的危大工程的管理规定。具体要求详见基坑工程中第（五）条的相关内容。

（四）悬挑钢梁卸荷钢丝绳设置要求

《建筑施工扣件式钢管脚手架安全技术规范》（JGJ 130—2011）

6.10.4　每个型钢悬挑梁外端宜设置钢丝绳或钢拉杆与上一层建筑结构斜拉结钢丝绳、钢拉杆不参与悬挑钢梁受力计算；钢丝绳与建筑结构拉结的吊环应使用HPB235级钢筋，其直径不宜小于20 mm，吊环预埋锚固长度应符合现行国家标准《混凝土结构设计规范》GB 50010中钢筋锚固的规定（图6.10.2）。

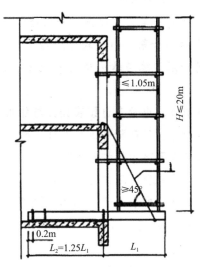

图6.10.2　型钢悬挑脚手架构造
1——钢丝绳或钢拉杆

（五）悬挑钢梁端立杆定位点设置要求

《建筑施工扣件式钢管脚手架安全技术规范》（JGJ 130—2011）

6.10.7　型钢悬挑梁悬挑端应设置能使脚手架立杆与钢梁可靠固定的定位点，定位点离悬挑梁端部不应小于100mm。

（六）悬挑脚手架架体剪刀撑的设置要求

1.《施工脚手架通用规范》（GB 55023—2022）

4.4.8 悬挑脚手架立杆底部应与悬挑支承结构可靠连接；应在立杆底部设置纵向扫地杆，并应间断设置水平剪刀撑或水平斜撑杆。

5.2.3 悬挑脚手架、附着式升降脚手架在搭设时，悬挑支承结构、附着支座的锚固应稳固可靠。

2.《建筑施工扣件式钢管脚手架安全技术规范》（JGJ 130—2011）

6.10.10 悬挑架的外立面剪刀撑应自下而上连续设置。剪刀撑设置应符合本规范第6.6.2条的规定，横向斜撑设置应符合规范第6.6.5条的规定。

（七）架体上脚手板的设置要求

《施工脚手架通用规范》（GB 55023—2022）

4.4.4 脚手架作业层应采取安全防护措施，并应符合下列规定：

1 作业脚手架、满堂支撑脚手架、附着式升降脚手架作业层应满铺脚手板，并应满足稳固可靠的要求。当作业层边缘与结构外表面的距离大于150mm时，应采取防护措施。

2 采用挂钩连接的钢脚手板，应带有自锁装置且与作业层水平杆锁紧。

3 木脚手板、竹串片脚手板、竹芭脚手板应有可靠的水平杆支承，并应绑扎稳固。

4 脚手架作业层外边缘应设置防护栏杆和挡脚板。

5 作业脚手架底层脚手板应采取封闭措施。

6 沿所施工建筑物每3层或高度不大于10m处应设置一层水平防护。

7 作业层外侧应采用安全网封闭。当采用密目安全网封闭时，密目安全网应满足阻燃要求。

8 脚手板伸出横向水平杆以外的部分不应大于200mm。

（八）架体使用管理规定

《施工脚手架通用规范》（GB 55023—2022）

5.3.1 脚手架作业层上的荷载不得超过荷载设计值。

5.3.2 雷雨天气、6级及以上大风天气应停止架上作业；雨、雪、雾天气应停止脚手架的搭设和拆除作业,雨、雪、霜后上架作业应采取有效的防滑措施,雪天应清除积雪。

5.3.3 严禁将支撑脚手架、缆风绳、混凝土输送泵管、卸料平台及大型设备的支承件等固定在作业脚手架上。严禁在作业脚手架上悬挂起重设备。

5.3.4 脚手架在使用过程中,应定期进行检查并形成记录,脚手架工作状态应符合下列规定:

1 主要受力杆件、剪刀撑等加固杆件和连墙件应无缺失、无松动,架体应无明显变形;

3 安全防护设施应齐全、有效,应无损坏缺失;

5 悬挑脚手架的悬挑支承结构应稳固。

5.3.5 当遇到下列情况之一时,应对脚手架进行检查并应形成记录,确认安全后方可继续使用:

1 承受偶然荷载后;

2 遇有 6 级及以上强风后;

3 大雨及以上降水后;

4 冻结的地基土解冻后;

5 停用超过 1 个月;

6 架体部分拆除;

7 其他特殊情况。

5.3.6 脚手架在使用过程中出现安全隐患时,应及时排除;当出现下列状态之一时,应立即撤离作业人员,并应及时组织检查处置:

1 杆件、连接件因超过材料强度破坏,或因连接节点产生滑移,或因过度变形而不适于继续承载;

2 脚手架部分结构失去平衡;

3 脚手架结构杆件发生失稳;

4 脚手架发生整体倾斜;

5 地基部分失去继续承载的能力。

5.3.8 在脚手架内进行电焊、气焊和其他动火作业时,应在动火申请批准后进行作业,并应采取设置接火斗、配置灭火器、移开易燃物等防火措施,同时应设专人监护。

(九)梁侧预埋悬挑脚手架安全管理规定

《建筑施工扣件式钢管脚手架安全技术规范》(JGJ 130—2011)

5.6.7 当型钢悬挑梁锚固段压点处采用 2 个（对）及以上 U 形钢筋拉环或螺栓锚固连接时,其钢筋拉环或螺栓的承载能力应乘以 0.85 的折减系数。

5.6.8 当型钢悬挑梁与建筑结构锚固的压点处楼板未设置上层受力钢筋时,应经计算在楼板内配置用于承受型钢梁锚固作用引起负弯矩的受力钢筋。

5.6.9 对型钢悬挑梁下建筑结构的混凝土梁（板）应按现行国家标准《混凝土结构设计规范》GB 50010 的规定进行混凝土局部抗压承载力、结构承载力验算，当不满足要求时，应采取可靠的加固措施。

5.6.10 悬挑脚手架的纵向水平杆、横向水平杆、立杆、连墙件计算应符合本规范第 5.2 节的规定。

6.10.1 一次悬挑脚手架高度不宜超过 20m。

6.10.8 锚固位置设置在楼板上时，楼板的厚度不宜小于 120mm。如果楼板的厚度小于 120mm 应采取加固措施。

6.10.9 悬挑梁间距应按悬挑架架体立杆纵距设置，每一纵距设置一根。

6.10.10 悬挑架的外立面剪刀撑应自下而上连续设置。剪刀撑设置应符合本规范第 6.6.2 条的规定，横向斜撑设置应符合规范第 6.6.5 条的规定。

6.10.11 连墙件设置应符合本规范第 6.4 节的规定。

6.10.12 锚固型钢的主体结构混凝土强度等级不得低于 C20。

附着式升降脚手架

（一）附着式升降脚手架的检查验收要求

《施工脚手架通用规范》（ GB 55023—2022 ）

6.0.4 脚手架搭设过程中，应在下列阶段进行检查，检查合格后方可使用；不合格应进行整改，整改合格后方可使用：

1 基础完工后及脚手架搭设前；

2 首层水平杆搭设后；

3 作业脚手架每搭设一个楼层高度；

4 附着式升降脚手架支座、悬挑脚手架悬挑结构搭设固定后；

5 附着式升降脚手架在每次提升前、提升就位后，以及每次下降前、下降就位后；

6 外挂防护架在首次安装完毕、每次提升前、提升就位后；

7 搭设支撑脚手架，高度每 2 步 ~ 4 步或不大于 6m。

6.0.5 脚手架搭设达到设计高度或安装就位后，应进行验收，验收不合格的，不得使用。脚手架的验收应包括下列内容：

1 材料与构配件质量；

2 搭设场地、支承结构件的固定；

3 架体搭设质量；

4 专项施工方案、产品合格证、使用说明及检测报告、检查记录、测试记录等技术资料。

（二）附着支座设置及主体结构混凝土强度要求

《建筑施工工具式脚手架安全技术规范》（JGJ 202—2010）

4.4.5 附着支承结构应包括附墙支座、悬臂梁及斜拉杆，其构造应符合下列规定：

1 竖向主框架所覆盖的每个楼层处应设置一道附墙支座；

2 在使用工况时，应将竖向主框架固定于附墙支座上；

3 在升降工况时，附墙支座上应设有防倾、导向的结构装置；

4 附墙支座应采用锚固螺栓与建筑物连接，受拉螺栓的螺母不得少于两个或应采用弹簧垫圈加单螺母，螺杆露出螺母端部的长度不应少于3扣，并不得小于10mm，垫板尺寸应由设计确定，且不得小于100mm×100mm×10mm；

5 附墙支座支承在建筑物上连接处混凝土的强度应按设计要求确定，且不得小于C10。

（三）附着式升降脚手架使用过程中架体悬臂高度的相关要求

《建筑施工工具式脚手架安全技术规范》（JGJ 202—2010）

4.4.2 附着式升降脚手架结构构造的尺寸应符合下列规定：

1 架体高度不得大于5倍楼层高；

2 架体宽度不得大于1.2m；

3 直线布置的架体支承跨度不得大于7m，折线或曲线布置的架体，相邻两主框架支撑点处的架体外侧距离不得大于5.4m；

4 架体的水平悬挑长度不得大于2m，且不得大于跨度的1/2；

5 架体全高与支承跨度的乘积不得大于110m²。

（四）提升高度在150m及以上的附着式升降脚手架工程或附着式升降操作平台工程的管理要求

提升高度在150m及以上的附着式升降脚手架工程或附着式升降操作平台工程属于超过一定规模的危险性较大的分部分项工程，应执行《危险性较大的分部分项工程安全管理规定》（住房和城乡建设部令第37号）中有关超过一定规模的危大工程的管理规定。具体要求详见基坑工程中第（五）条的相关内容。

（五）附着式升降脚手架架体构造措施要求

《施工脚手架通用规范》（GB 55023—2022）

4.4.9 附着式升降脚手架应符合下列规定：

1 竖向主框架、水平支承桁架应采用桁架或刚架结构，杆件应采用焊接或螺栓连接；

2 应设有防倾、防坠、停层、荷载、同步升降控制装置，各类装置应灵敏可靠；

3 在竖向主框架所覆盖的每个楼层均应设置一道附墙支座；每道附墙支座应能承担竖向主框架的全部荷载；

4 当采用电动升降设备时，电动升降设备连续升降距离应大于一个楼层高度，并应有制动和定位功能。

（六）附着式升降脚手架安装、升降、拆除作业安全技术要求

《建筑施工工具式脚手架安全技术规范》（JGJ 202—2010）

6.3.1 在提升状况下，三角臂应能绕竖向桁架自由转动；在工作状况下，三角臂与竖向桁架之间应采用定位装置防止三角臂转动。

6.5.7 当防护架提升、下降时，操作人员必须站在建筑物内或相邻的架体上，严禁站在防护架上操作；架体安装完毕前，严禁上人。

6.5.10 防护架在提升时，必须按照"提升一片、固定一片、封闭一片"的原则进行，严禁提前拆除两片以上的架体、分片处的连接杆、立面及底部封闭设施。

6.5.11 在每次防护架提升后，必须逐一检查扣件紧固程度；所有连接扣件拧紧力矩必须达到 40N·m ~ 65N·m。

（七）附着式升降脚手架使用过程中的管理规定

《建筑施工工具式脚手架安全技术规范》（JGJ 202—2010）

4.8.1 附着式升降脚手架应按设计性能指标进行使用，不得随意扩大使用范围；架体上的施工荷载应符合设计规定，不得超载，不得放置影响局部杆件安全的集中荷载。

4.8.2 架体内的建筑垃圾和杂物应及时清理干净。

4.8.3 附着式升降脚手架在使用过程中不得进行下列作业：

1 利用架体吊运物料；

2 在架体上拉结吊装缆绳（或缆索）；

3 在架体上推车；

4 任意拆除结构件或松动连接件；

5 拆除或移动架体上的安全防护设施；

6 利用架体支撑模板或卸料平台；

7 其他影响架体安全的作业。

4.8.4 当附着式升降脚手架停用超过 3 个月时，应提前采取加固措施。

4.8.5 当附着式升降脚手架停用超过 1 个月或遇 6 级及以上大风后复工时，应进行检查，确认合格后方可使用。

4.8.6 螺栓连接件、升降设备、防倾装置、防落装置、电控设备、同步控制装置等应每月进行维护保养。

（八）附着式升降脚手架架体材料和构配件使用要求

《建筑施工工具式脚手架安全技术规范》(JGJ 202—2010)

3.0.1 附着式升降脚手架和外挂防护架架体用的钢管，应采用现行国家标准《直缝电焊钢管》GB/T 13793 和《低压流体输送用焊接钢管》GB/T 3091 中的 Q235 号普通钢管，应符合现行国家标准《焊接钢管尺寸及单位长度重量》GB/T 21835 的规定，其钢材质量应符合现行国家标准《碳素结构钢》GB/T 700 中 Q235-A 级钢的规定，且应满足下列规定：

1 钢管应采用 $\phi 48.3 \times 3.6mm$ 的规格；

2 钢管应具有产品质量合格证和符合现行国家标准《金属材料 室温拉伸试验方法》GB/T 228 有关规定的检验报告；

3 钢管应平直，其弯曲度不得大于管长的 1/500，两端端面应平整，不得有斜口，有裂缝、表面分层硬伤、压扁、硬弯、深划痕、毛刺和结疤等不得使用；

4 钢管表面的锈蚀深度不得超过 0.25mm；

5 钢管在使用前应涂刷防锈漆。

3.0.2 工具式脚手架主要的构配件应包括：水平支承桁架、竖向主框架、附墙支座、悬臂梁、钢拉杆、竖向桁架、三角臂等。当使用型钢、钢板和圆钢制作时，其材质应符合现行国家标准《碳素结构钢》GB/T 700 中 Q235-A 级钢的规定。

（九）附着式升降脚手架专项施工方案的主要内容

参照《危险性较大的分部分项工程专项施工方案编制指南》（四、脚手架工程）

（十）附着式升降脚手架日常检查验收的相关规定

《建筑施工工具式脚手架安全技术规范》(JGJ 202—2010)

8.1.2 附着式升降脚手架应在下列阶段进行检查与验收

1 首次安装完毕；

2 提升或下降前；

3 提升、下降到位，投入使用前。

8.1.3　附着式升降脚手架首次安装完毕及使用前，应按表 8.1.3 的规定进行检验，合格后方可使用。

附着式升降脚手架首次安装完毕及使用前检查验收表　　表 8.1.3

工程名称			结构形式	
建筑面积			机位布置情况	
总包单位			项目经理	
租赁单位			项目经理	
安拆单位			项目经理	

序号	检查项目		标准	检查结果
1	保证项目	竖向主框架	各杆件的轴线应汇交于节点处，并应采用螺栓或焊接连接，如不交汇于一点，应进行附加弯矩验算	
2			各节点应焊接或螺栓连接	
3			相邻竖向主框架的高差≤ 30mm	
4		水平支承桁架	桁架上、下弦应采用整根通长杆件，或设置刚性接头；腹杆上、下弦连接应采用焊接或螺栓连接	
5			桁架各杆件的轴线应相交于节点上，并宜用节点板构造连接，节点板的厚度不得小于 6mm	
6		架体构造	空间几何不可变体系的稳定结构	
7		立杆支承位置	架体构架的立杆底端应放置在上弦节点各轴线的交汇处	
8		立杆间距	应符合现行行业标准《建筑施工扣件式钢管脚手架安全技术规范》JGJ 130 中小于等于 1.5m 的要求	
9		纵向水平杆的步距	应符合现行行业标准《建筑施工扣件式钢管脚手架安全技术规范》JGJ 130 中的小于等于 1.8m 的要求	
10		剪刀撑设置	水平夹角应满足 45°～60°	
11		脚手板设置	架体底部铺设严密，与墙体无间隙，操作层脚手板应铺满、铺牢，孔洞直径小于 25mm	
12		扣件拧紧力矩	40N·m～65N·m	
13		附墙支座	每个竖向主框架所覆盖的每一楼层处应设置一道附墙支座	
14			使用工况，应将竖向主框架固定于附墙支座上	
15			升降工况，附墙支座上应设有防倾、导向的结构装置	
16			附墙支座应采用锚固螺栓与建筑物连接，受拉螺栓的螺母不得少于两个或采用单螺母加弹簧垫圈	
17			附墙支座支承在建筑物上连接处混凝土的强度应按设计要求确定，但不得小于 C10	

序号	检查项目		标准	检查结果
18	保证项目	架体构造尺寸	架高 ≤ 5 倍层高	
19			架宽 ≤ 1.2m	
20			架体全高 × 支承跨度 ≤ 110m²	
21			支承跨度直线型 ≤ 7m	
22			支承跨度折线或曲线型架体，相邻两主框架支撑点处的架体外侧距离 ≤ 5.4m	
23			水平悬挑长度不大于 2m，且不大于跨度的 1/2	
24			升降工况上端悬臂高度不大于 2/5 架体高度且不大于 6m	
25			水平悬挑端以竖向主框架为中心对称斜拉杆水平夹角 ≥ 45°	
26		防坠落装置	防坠落装置应设置在竖向主框架处并附着在建筑结构上	
27			每一升降点不得少于一个，在使用和升降工况下都能起作用	
28			防坠落装置与升降设备应分别独立固定在建筑结构上	
29			应具有防尘防污染的措施，并应灵敏可靠和运转自如	
30			钢吊杆式防坠落装置，钢吊杆规格应由计算确定，且不应小于 φ25mm	
31		防倾覆设置情况	防倾覆装置中应包括导轨和两个以上与导轨连接的可滑动的导向件	
32			在防倾导向件的范围内应设置防倾覆导轨，且应与竖向主框架可靠连接	
33			在升降和使用两种工况下，最上和最下两个导向件之间的最小间距不得小于 2.8m 或架体高度的 1/4	
34			应具有防止竖向主框架倾斜的功能	
35			应用螺栓与附墙支座连接，其装置与导轨之间的间隙应小于 5mm	
36		同步装置设置情况	连续式水平支承桁架，应采用限制荷载自控系统	
37			简支静定水平支承桁架，应采用水平高差同步自控系统，若设备受限时可选择限制荷载自控系统	
38	一般项目	防护设施	密目式安全立网规格型号 ≥ 2000 目 /100cm²，≥ 3kg/ 张	
39			防护栏杆高度为 1.2m	
40			挡脚板高度为 180mm	
41			架体底层脚手板铺设严密，与墙体无间隙	

检查结论				
检查人签字	总包单位	分包单位	租赁单位	安拆单位

符合要求，同意使用（ ）
不符合要求，不同意使用（ ）

总监理工程师（签字）：　　　　　　　　　　　　　　　　年　　月　　日

注：本表由施工单位填报，监理单位、施工单位、租赁单位、安拆单位各存一份。

8.1.4 附着式升降脚手架提升、下降作业前应按表8.1.4的规定进行检验,合格后方可实施提升或下降作业。

8.1.5 在附着式升降脚手架使用、提升和下降阶段均应对防坠、防倾装置进行检查,合格后方可作业。

附着式升降脚手架提升、下降作业前检查验收表 表 8.1.4

工程名称			结构形式	
建筑面积			机位布置情况	
总包单位			项目经理	
租赁单位			项目经理	
安拆单位			项目经理	

序号	检查项目		标准	检查结果
1	保证项目	支承结构与工程结构连接处混凝土强度	达到专项方案计算值,且 ≥ C10	
2		附墙支座设置情况	每个竖向主框架所覆盖的每一楼层处应设置一道附墙支座	
3			附墙支座上应设有完整的防坠、防倾、导向装置	
4		升降装置设置情况	单跨升降式可采用手动葫芦;整体升降式应采用电动葫芦或液压设备;应启动灵敏,运转可靠,旋转方向正确;控制柜工作正常,功能齐备	
5		防坠落装置设置情况	防坠落装置应设置在竖向主框架处并附着在建筑结构上	
6			每一升降点不得少于一个,在使用和升降工况下都能起作用	
7			防坠落装置与升降设备应分别独立固定在建筑结构上	
8			应具有防尘防污染的措施,并应灵敏可靠和运转自如	
9			设置方法及部位正确,灵敏可靠,不应人为失效和减少	
10			钢吊杆式防坠落装置,钢吊杆规格应由计算确定,且不应小于 $\phi 25mm$	
11		防倾覆装置设置情况	防倾覆装置中应包括导轨和两个以上与导轨连接的可滑动的导向件	
12			在防倾导向件的范围内应设置防倾覆导轨,且应与竖向主框架可靠连接	
13			在升降和使用两种工况下,最上和最下两个导向件之间的最小间距不得小于2.8m或架体高度的1/4	
14		建筑物的障碍物清理情况	无障碍物阻碍外架的正常滑升	
15		架体构架上的连墙杆	应全部拆除	
16		塔吊或施工电梯附墙装置	符合专项施工方案的规定	
17		专项施工方案	符合专项施工方案的规定	

序号	检查项目		标准	检查结果
18	一般项目	操作人员	经过安全技术交底并持证上岗	
19		运行指挥人员、通讯设备	人员已到位，设备工作正常	
20		监督检查人员	总包单位和监理单位人员已到场	
21		电缆线路、开关箱	符合现行行业标准《施工现场临时用电安全技术规范》JGJ 46 中的对线路负荷计算的要求；设置专用的开关箱	

检查结论				
检查人签字	总包单位	分包单位	租赁单位	安拆单位

符合要求，同意使用（　　　）

不符合要求，不同意使用（　　　）

总监理工程师（签字）：　　　　　　　　　　　　　　　年　　月　　日

注：本表由施工单位填报，监理单位、施工单位、租赁单位、安拆单位各存一份。

高处作业吊篮

（一）安全锁的使用要求

《高处作业吊篮》（GB 19155—2017）

5.4.5.1　安全锁或具有相同作用的独立安全装置的功能应满足：

a）对离心触发式安全锁，悬吊平台运行速度达到安全锁锁绳速度时，即能自动锁住安全钢丝绳，使悬吊平台在200mm范围内停住；

b）对摆臂式防倾斜安全锁，悬吊平台工作时纵向倾斜角度不大于8°时，能自动锁住并停止运行；

c）安全锁或具有相同作用的独立安全装置，在锁绳状态下应不能自动复位。

5.4.5.2　安全锁承受静力试验载荷时，静置10min，不得有任何滑移现象。

5.4.5.3　离心触发式安全锁锁绳速度不大于30m/min。

5.4.5.4　安全锁允许冲击力按公式（2）计算：

$$F = fk \tag{2}$$

式中：F——允许冲击力，kN；

f——冲击系数，一般取值为 $2 \sim 3$；

k——双吊点：50% 悬吊平台自重与 75% 额定载重量之和所产生的重力，kN。

单吊点：悬吊平台自重与额定载重量之和所产生的重力，kN。

5.4.5.5　安全锁与悬吊平台应连接可靠，其连接强度不应小于 2 倍的允许冲击力。

5.4.5.6　安全锁必须在有效标定期限内使用，有效标定期限不大于一年。

高处作业吊篮安全锁失效判定为重大事故隐患。

（二）安全绳的设置和使用要求

1.《建筑施工工具式脚手架安全技术规范》(JGJ 202—2010)

5.5.1　高处作业吊篮应设置作业人员专用的挂设安全带的安全绳及安全锁扣。安全绳应固定在建筑物可靠位置上不得与吊篮上任何部位有连接。

2.《高处作业吊篮》(GB/T 19155—2017)

7.1.10　应根据平台内的人员数配备独立的坠落防护安全绳。与每根坠落防护安全绳相系的人数不应超过两人。

3.《建筑施工安全检查标准》(JGJ 59—2011)

3.10　高处作业吊篮，安全装置：3）吊篮应设置为作业人员挂设安全带专用的安全绳和安全锁扣，安全绳应固定在建筑物可靠位置上，不得与吊篮上的任何部位连接。

高处作业吊篮安全绳（用于挂设安全带）未独立悬挂判定为重大事故隐患。

（三）钢丝绳的设置和使用要求

《高处作业吊篮》(GB 19155—2017)

5.4.6.1　吊篮宜选用高强度、镀锌、柔度好的钢丝绳，其性能应符合 GB/T 8918 的规定。

5.4.6.2　钢丝绳安全系数不应小于 9。其值按公式（3）计算：

$$n = S_1 a / W \qquad\qquad （3）$$

式中：n——安全系数；

S_1——单根钢丝绳最小破断拉力，kN；

a——钢丝绳根数；

W——额定载重量、悬吊平台自重和钢丝绳自重所产生的重力之和，kN。

5.4.6.3　钢丝绳绳端的固定应符合 GB 5144—1994 中 5.2.4 的规定；钢丝绳的检查和报废应符合 GB/T 5972—1986 中 2.5 的规定。

5.4.6.4　工作钢丝绳最小直径不应小于 6mm。

5.4.6.5　安全钢丝绳宜选用与工作钢丝绳相同的型号、规格，在正常运行时，安全钢丝绳应处于悬垂状态。

5.4.6.6　安全钢丝绳必须独立于工作钢丝绳另行悬挂。

（四）悬挂机构前支架设置要求

《建筑施工工具式脚手架安全技术规范》（JGJ 202—2010）

5.2.11　悬挂吊篮的支架支撑点处结构的承载能力，应大于所选择吊篮各工况的荷载最大值。

5.4.7　悬挂机构前支架严禁支撑在女儿墙上、女儿墙外或建筑物挑檐边缘。

5.4.13　悬挂机构前支架应与支撑面保持垂直，脚轮不得受力。

（五）配重设置及固定要求

《建筑施工工具式脚手架安全技术规范》（JGJ 202—2010）

5.4.10　配重件应稳定可靠地安放在配重架上，并应有防止随意移动的措施。严禁使用破损的配重件或其他替代物。配重件的重量应符合设计规定。

（六）高处作业吊篮使用过程中的管理规定

《建筑施工工具式脚手架安全技术规范》（JGJ 202—2010）

5.5.1　高处作业吊篮应设置作业人员专用的挂设安全带的安全绳及安全锁扣。安全绳应固定在建筑物可靠位置上不得与吊篮上任何部位有连接，并应符合下列规定：

1　安全绳应符合现行国家标准《安全带》GB 6095 的要求，其直径应与安全锁扣的规格相一致；

2　安全绳不得有松散、断股、打结现象；

3　安全锁扣的配件应完好、齐全，规格和方向标识应清晰可辨。

5.5.2　吊篮宜安装防护棚，防止高处坠物造成作业人员伤害。

5.5.3　吊篮应安装上限位装置，宜安装下限位装置。

5.5.4　使用吊篮作业时，应排除影响吊篮正常运行的障碍。在吊篮下方可能造成坠落物伤害的范围，应设置安全隔离区和警告标志，人员或车辆不得停留、通行。

5.5.5　在吊篮内从事安装、维修等作业时，操作人员应佩戴工具袋。

5.5.6 使用境外吊篮设备时应有中文使用说明书；产品的安全性能应符合我国的行业标准。

5.5.7 不得将吊篮作为垂直运输设备，不得采用吊篮运送物料。

5.5.8 吊篮内的作业人员不应超过2个。

5.5.9 吊篮正常工作时，人员应从地面进入吊篮内，不得从建筑物顶部、窗口等处或其他孔洞处出入吊篮。

5.5.10 在吊篮内的作业人员应佩戴安全帽，系安全带，并应将安全锁扣正确挂置在独立设置的安全绳上。

5.5.11 吊篮平台内应保持荷载均衡，不得超载运行。

5.5.12 吊篮做升降运行时，工作平台两端高差不得超过150mm。

5.5.13 使用离心触发式安全锁的吊篮在空中停留作业时，应将安全锁锁定在安全绳上；空中启动吊篮时，应先将吊篮提升使安全绳松弛后再开启安全锁。不得在安全绳受力时强行扳动安全锁开启手柄；不得将安全锁开启手柄固定于开启位置。

5.5.14 吊篮悬挂高度在60m及其以下的，宜选用长边不大于7.5m的吊篮平台；悬挂高度在100m及其以下的，宜选用长边不大于5.5m的吊篮平台；悬挂高度在100m以上的，宜选用不大于2.5m的吊篮平台。

5.5.15 进行喷涂作业或使用腐蚀性液体进行清洗作业时，应对吊篮的提升机、安全锁、电气控制柜采取防污染保护措施。

5.5.16 悬挑结构平行移动时，应将吊篮平台降落至地面，并应使其钢丝绳处于松弛状态。

5.5.17 在吊篮内进行电焊作业时，应对吊篮设备、钢丝绳、电缆采取保护措施。不得将电焊机放置在吊篮内；电焊缆线不得与吊篮任何部位接触；电焊钳不得搭挂在吊篮上。

5.5.18 在高温、高湿等不良气候和环境条件下使用吊篮时，应采取相应的安全技术措施。

5.5.19 当吊篮施工遇有雨雪、大雾、风沙及5级以上大风等恶劣天气时，应停止作业，并应将吊篮平台停放至地面，应对钢丝绳、电缆进行绑扎固定。

5.5.20 当施工中发现吊篮设备故障和安全隐患时，应及时排除，对可能危及人身安全时，应停止作业，并应由专业人员进行维修。维修后的吊篮应重新进行检查验收，合格后方可使用。

5.5.21 下班后不得将吊篮停留在半空中，应将吊篮放至地面。人员离开吊篮、进行吊篮维修或每日收工后应将主电源切断，并应将电气柜中各开关置于断开位置并加锁。

高处作业吊篮超载使用判定为重大事故隐患。

（七）其他安全限位装置种类、作用及使用要求

《高处作业吊篮》(GB 19155—2017)

8.3.7　悬挂装置上安装的起升机构钢丝绳终端极限限位开关

当起升机构达到最少钢丝绳条件时，钢丝绳终端极限限位开关应能停止平台的下降。

8.3.10　起升与下降限位开关

8.3.10.1　应安装起升限位开关并正确定位。平台在最高位置时自动停止上升；起升运动应在接触终端极限限位开关之前停止。

8.3.10.2　应安装下降限位开关并正确定位。平台在最低位置时自动停止下降；如最低位置是地面或安全层面，防撞杆可认为是下降限位开关。在最低位置，平台应在钢丝绳终端极限限位开关接触之前停止。

8.3.10.3　应安装终端起升极限限位开关并正确定位。平台在到达工作钢丝绳极限位置之前完全停止。在其触发后，除非合格人员采取纠正操作，平台不能上升与下降。

8.3.10.4　起升限位开关与终端极限限位开关应有各自独立的控制装置。

8.3.10.5　悬挂在配重悬挂支架（见图12）上的平台，应安装终端极限限位开关。

8.3.10.6　在地面安装的悬吊平台，不需要下降限位开关。

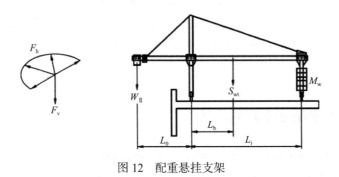

图 12　配重悬挂支架

（八）安装、移位、拆卸作业安全技术要求

《建筑施工工具式脚手架安全技术规范》(JGJ 202—2010)

5.4.1　高处作业吊篮安装时应按专项施工方案，在专业人员的指导下实施。

5.4.2　安装作业前，应划定安全区域，并应排除作业障碍。

5.4.3　高处作业吊篮组装前应确认结构件、紧固件已配套且完好，其规格型号和质量应符合设计要求。

5.4.4　高处作业吊篮所用的构配件应是同一厂家的产品。

5.4.5　在建筑物屋面上进行悬挂机构的组装时，作业人员应与屋面边缘保持2m以上的距离。组装场地狭小时应采取防坠落措施。

5.4.6　悬挂机构宜采用刚性联结方式进行拉结固定。

5.4.7 悬挂机构前支架严禁支撑在女儿墙上、女儿墙外或建筑物挑檐边缘。

5.4.8 前梁外伸长度应符合高处作业吊篮使用说明书的规定。

5.4.9 悬挑横梁应前高后低，前后水平高差不应大于横梁长度的2%。

5.4.10 配重件应稳定可靠地安放在配重架上，并应有防止随意移动的措施。严禁使用破损的配重件或其他替代物。配重件的重量应符合设计规定。

5.4.11 安装时钢丝绳应沿建筑物立面缓慢下放至地面，不得抛掷。

5.4.12 当使用两个以上的悬挂机构时，悬挂机构吊点水平间距与吊篮平台的吊点间距应相等，其误差不应大于50mm。

5.4.13 悬挂机构前支架应与支撑面保持垂直，脚轮不得受力。

5.4.14 安装任何形式的悬挑结构，其施加于建筑物或构筑物支承处的作用力，均应符合建筑结构的承载能力，不得对建筑物和其他设施造成破坏和不良影响。

5.4.15 高处作业吊篮安装和使用时，在10m范围内如有高压输电线路，应按照现行行业标准《施工现场临时用电安全技术规范》JGJ 46的规定，采取隔离措施。

5.6.1 高处作业吊篮拆除时应按照专项施工方案，并应在专业人员的指挥下实施。

5.6.2 拆除前应将吊篮平台下落至地面，并应将钢丝绳从提升机、安全锁中退出，切断总电源。

5.6.3 拆除支承悬挂机构时，应对作业人员和设备采取相应的安全措施。

5.6.4 拆卸分解后的构配件不得放置在建筑物边缘，应采取防止坠落的措施。零散物品应放置在容器中。不得将吊篮任何部件从屋顶处抛下。

（九）高处作业吊篮构造特点

《建筑施工工具式脚手架安全技术规范》（JGJ 202—2010）

5.3.1 高处作业吊篮应由悬挂机构、吊篮平台、提升机构、防坠落机构、电气控制系统、钢丝绳和配套附件、连接件组成。

（十）专项施工方案的主要内容

参照《危险性较大的分部分项工程专项施工方案编制指南》（四、脚手架工程）

（十一）施工各阶段验收内容和方法

《建筑施工工具式脚手架安全技术规范》（JGJ 202—2010）

8.2.1 高处作业吊篮在使用前必须经过施工、安装、监理等单位的验收，未经验收或验收不合格的吊篮不得使用。

8.2.2　高处作业吊篮应按规定逐台逐项验收，并应经空载运行试验合格后，方可使用。

（十二）高处作业吊篮日常检查的相关规定

《高处作业吊篮》(GB 19155—2017)

15.2.7　吊篮使用操作信息日常检查信息。

每大使用前进行下列检查：

操作者应检查操作装置、制动器、防坠落装置和急停装置等功能是否正常；

应对所有动力线路、限位开关、平台结构和钢丝绳的情况进行检查；检查悬挂装置是否牢固可靠和确保配重未被卸除；

确保悬挂装置位于平台拟工作位置的正上方，以避免悬挂装置的过度水平力和平台的摆动；

确保平台上无雪、冰、碎屑和多余材料堆积；

确保可能与平台接触的物体不要伸出立面；

工作完成后，操作者应将平台移到非工作位置，切断动力并与动力源断开，以防止未授权使用。

三、起重机械

主要标准规范：《房屋市政工程生产安全重大事故隐患判定标准》（2024版）、《建筑与市政施工现场安全卫生与职业健康通用规范》《塔式起重机安全规程》《施工升降机安全规程》《架桥机安全规程》《建筑施工塔式起重机安装、使用、拆卸安全技术规程》《建筑塔式起重机安全监控系统应用技术规程》《建筑施工升降机安装、使用、拆卸安全技术规程》《建筑施工升降设备设施检验标准》《龙门架及井架物料提升机安全技术规范》《市政架桥机安全使用技术规程》《建筑机械使用安全技术规程》

（一）建筑起重机械安装、拆卸、验收、使用登记的管理规定

《建筑起重机械安全监督管理规定》（建设部令第166号）

第十六条　建筑起重机械安装完毕后，使用单位应当组织出租、安装、监理等有关单位进行验收，或者委托具有相应资质的检验检测机构进行验收。建筑起重机械经验收合格后方可投入使用，未经验收或者验收不合格的不得使用。

第十七条　使用单位应当自建筑起重机械安装验收合格之日起30日内，将建筑起重机械安装验收资料、建筑起重机械安全管理制度、特种作业人员名单等，向工程所在地县级以上地方人民政府建设主管部门办理建筑起重机械使用登记。

第二十条　建筑起重机械在使用过程中需要附着的，使用单位应当委托原安装单位或者具有相应资质的安装单位按照专项施工方案实施，并按照本规定第十六条规定组织验收。验收合格后方可投入使用。

建筑起重机械未办理安装、拆卸告知手续，未经验收合格即投入使用，或未按规定办理使用登记判定为重大事故隐患。

（二）建筑起重机械的基础承载力和变形的要求

1.《建筑机械使用安全技术规程》（JGJ 33—2012）

4.1.8　施工现场应提供符合起重机械作业要求的通道和电源等工作场地和作业环境。基础与地基承载能力应满足起重机械的安全使用要求。

4.3.1　起重机械工作的场地应保持平坦坚实，符合起重时的受力要求；起重机械应与沟渠、基坑保持安全距离。

2.《建筑施工塔式起重机安装、使用、拆卸安全技术规程》（JGJ 196—2010）

3.2.1　塔式起重机的基础应按国家现行标准和使用说明书所规定的要求进行设计施工。施工单位应根据地质勘察报告确认施工现场的地基承载力。

3.《建筑施工升降机安装、使用、拆卸安全技术规程》（JGJ 215—2010）

4.1.1　施工升降机地基、基础应满足使用说明书的要求。对基础设置在地下室顶板、楼面或其他下部悬空结构上的施工升降机，应对基础支撑结构进行承载力验算。

施工升降机安装前应按本规程对基础进行验收，合格后方能安装。

建筑起重机械的基础承载力和变形不满足设计要求判定为重大事故隐患。

（三）建筑起重机械安装、拆卸、爬升（降）以及附着前未对结构件、爬升装置和附着装置以及高强度螺栓、销轴、定位板等连接件及安全装置进行检查的相关要求

1.《建筑机械使用安全技术规程》（JGJ 33—2012）

4.4.14 塔式起重机安装过程中，应分阶段检查验收。各机构动作应正确、平稳，制动可靠，各安全装置应灵敏有效。在无载荷情况下，塔身的垂直度允许偏差应为4/1000。

2.《建筑施工塔式起重机安装、使用、拆卸安全技术规程》（JGJ 196—2010）

3.4.6 自升式塔式起重机的顶升加节应符合下列规定：

1 顶升系统必须完好；

2 结构件必须完好；

3.《塔式起重机安全规程》（GB 5144—2006）

10.1.2 塔机在安装、增加塔身标准节之前应对结构件和高强度螺栓进行检查，若发现下列问题应修复或更换后方可进行安装：

a）目视可见的结构件裂纹及焊缝裂纹；

b）连接件的轴、孔严重磨损；

c）结构件母材严重锈蚀；

d）结构件整体或局部塑性变形，销孔塑性变形。

建筑起重机械安装、拆卸、爬升（降）以及附着前未对结构件、爬升装置和附着装置以及高强度螺栓、销轴、定位板等连接件及安全装置进行检查判定为重大事故隐患。

（四）建筑起重机械的安全装置的使用要求

1.《建筑施工塔式起重机安装、使用、拆卸安全技术规程》（JGJ 196—2010）

2.0.16 塔式起重机在安装前和使用过程中，发现有下列情况之一的，不得安装和使用：

5 安全装置不齐全或失效的。

4.0.3 塔式起重机的力矩限制器、重量限制器、变幅限位器、行走限位器、高度限位器等安全保护装置不得随意调整和拆除，严禁用限位装置代替操纵机构。

2.《建筑机械使用安全技术规程》（JGJ 33—2012）

4.1.11 建筑起重机械的变幅限位器、力矩限制器、起重量限制器、防坠安全器、

钢丝绳防脱装置、防脱钩装置以及各种行程限位开关等安全保护装置，必须齐全有效，严禁随意调整或拆除。严禁利用限制器和限位装置代替操纵机构。

建筑起重机械的安全装置不齐全、失效或者被违规拆除、破坏判定为重大事故隐患。

（五）建筑起重机械主要受力构件、连接螺栓、销轴的相关要求

1.《建筑施工塔式起重机安装、使用、拆卸安全技术规程》（JGJ 196—2010）

2.0.16 塔式起重机在安装前和使用过程中，发现有下列情况之一的，不得安装和使用：

1 结构件上有可见裂纹和严重锈蚀的；

2 主要受力构件存在塑性变形的；

3 连接件存在严重磨损和塑性变形的。

2.《塔式起重机安全规程》（GB 5144—2006）

4.7.1 塔机主要承载结构件由于腐蚀或磨损而使结构的计算应力提高，当超过原计算应力的15%时应予报废。对无计算条件的当腐蚀深度达原厚度的10%时应予报废。

4.7.2 塔机主要承载结构件如塔身、起重臂等，失去整体稳定性时应报废。如局部有损坏并可修复的。则修复后不应低于原结构的承载能力。

4.7.3 塔机的结构件及焊缝出现裂纹时，应根据受力和裂纹情况采取加强或重新施焊等措施，并在使用中定期观察其发展。对无法消除裂纹影响的应予以报废。

建筑起重机械主要受力构件有可见裂纹、严重锈蚀、塑性变形、开焊，或其连接螺栓、销轴缺失或失效判定为重大事故隐患。

（六）施工升降机附着间距和最高附着以上的最大悬高及垂直度的相关要求

1.《建筑机械使用安全技术规程》（JGJ 33—2012）

4.9.3 施工升降机安装导轨架时，应采用经纬仪在两个方向进行测量校准。其垂直度允许偏差应符合表4.9.3的规定。

施工升降机导轨架垂直度　　　　　　　　　　　　　表4.9.3

架设高度 H（m）	$H \leqslant 70$	$70 > H \leqslant 100$	$100 > H \leqslant 150$	$150 > H \leqslant 200$	$H > 200$
垂直度偏差（mm）	$\leqslant 1/1000H$	$\leqslant 70$	$\leqslant 90$	$\leqslant 110$	$\leqslant 130$

2.《建筑机械使用安全技术规程》（JGJ 33—2012）

4.9.4 导轨架自由高度、导轨架的附墙距离、导轨架的两附墙连接点间距离和最

低附墙点高度不得超过使用说明书的规定。

3.《建筑施工升降机安装、使用、拆卸安全技术规程》（JGJ 215—2010）

4.1.10 施工升降机的附墙架形式、附着高度、垂直间距、附着点水平距离、附墙架与水平面之间的夹角、导轨架自由端高度和导轨架与主体结构间水平距离等均应符合使用说明书的要求。

4.《施工升降机安全规程》（GB 10055—2007）

3.4 对垂直安装的齿轮齿条式施工升降机，导轨架轴心线对底座水平基准面的安装垂直度偏差应符合表1的规定。对倾斜式或曲线式导轨架的齿轮齿条式施工升降机，其导轨架正面的垂直度偏差应符合表1的规定。

表 1

导轨架架设高度（h）/m	$h \leqslant 70$	$70 < h \leqslant 100$	$100 < h \leqslant 150$	$150 < h \leqslant 200$	$h > 200$
垂直度偏差 /mm	不大于导轨架架设高度的 1/1000	$\leqslant 70$	$\leqslant 90$	$\leqslant 100$	$\leqslant 130$

施工升降机附着间距和最高附着以上的最大悬高及垂直度不符合规范要求判定为重大事故隐患。

（七）塔式起重机独立起升高度、附着间距和最高附着以上的最大悬高及垂直度的相关要求

1.《建筑机械使用安全技术规程》（JGJ 33—2012）

4.4.14 塔式起重机在无载荷情况下，塔身的垂直度允许偏差应为4/1000。

4.4.16

3 安装附着框架和附着杆件时，应用经纬仪测量塔身垂直度，并应利用附着杆件进行调整，在最高锚固点以下垂直度允许偏差为2/1000；

6 塔身顶升到规定附着间距时，应及时增设附着装置。塔身高出附着装置的自由端高度，应符合使用说明书的规定。

4.4.17

4 内爬升塔式起重机的塔身固定间距应符合使用说明书要求；

2.《建筑施工塔式起重机安装、使用、拆卸安全技术规程》（JGJ 196—2010）

5.0.7 拆卸时应先降节，后拆除附着装置（防止最高附着以上的最大悬高超标）。

塔式起重机独立起升高度、附着间距和最高附着以上的最大悬高及垂直度不符合规范要求判定为重大事故隐患。

（八）塔式起重机与周边建（构）筑物或群塔作业的安全距离及安全措施

1.《建筑施工塔式起重机安装、使用、拆卸安全技术规程》（JGJ 196—2010）

2.0.14　当多台塔式起重机在同一施工现场交叉作业时，应编制专项方案，并应采取防碰撞的安全措施。任意两台塔式起重机之间的最小架设距离应符合下列规定：

1 低位塔式起重机的起重臂端部与另一台塔式起重机的塔身之间的距离不得小于2m；

2 高位塔式起重机的最低位置的部件（或吊钩升至最高点或平衡重的最低部位）与低位塔式起重机中处于最高位置部件之间的垂直距离不得小于2m。

2.《塔式起重机安全规程》（GB 5144—2006）

10.3　塔机的尾部与周围建筑物及其外围施工设施之间的安全距离不小于0.6m。

10.5　两台塔机之间的最小架设距离应保证处于低位塔机的起重臂端部与另一台塔机的塔身之间至少有2m的距离；处于高位塔机的最低位置的部件（吊钩升至最高点或平衡重的最低部位）与低位塔机中处于最高位置部件之间的垂直距离不应小于2m。

塔式起重机与周边建（构）筑物或群塔作业未保持安全距离，且未采取安全措施判定为重大事故隐患。

（九）建筑起重机械及吊索具的使用要求

《建筑施工塔式起重机安装、使用、拆卸安全技术规程》（JGJ 196—2010）

2.0.9　有下列情况之一的塔式起重机严禁使用：

1 国家明令淘汰的产品；

2 超过规定使用年限经评估不合格的产品；

3 不符合国家现行相关标准的产品；

4 没有完整安全技术档案的产品。

2.0.16　塔式起重机在安装前和使用过程中，发现有下列情况之一的，不得安装和使用：

1 结构件上有可见裂纹和严重锈蚀的；

2 主要受力构件存在塑性变形的；

3 连接件存在严重磨损和塑性变形的；

4 钢丝绳达到报废标准的；

5 安全装置不齐全或失效的。

6.1.3　吊具、索具在每次使用前应进行检查，经检查确认符合要求后，方可继续使用。当发现有缺陷时，应停止使用。

使用达到报废标准的建筑起重机械，或使用达到报废标准的吊索具进行起重吊装作业判定为重大事故隐患。

（十）起重机械安装、拆卸、顶升加节以及附着相关安全技术要求

1.《建筑施工塔式起重机安装、使用、拆卸安全技术规程》（JGJ 196—2010）

5.0.7　拆卸时应先降节、后拆除附着装置。

2.《施工升降机安全规程》（GB 10055—2007）

3.11　附墙撑杆平面与附着面的法向夹角不应大于8°。

10.1　塔机安装、拆卸及塔身加节或降节作业时，应按使用说明书中有关规定及注意事项进行。

3.《塔式起重机安全规程》（GB 5144—2006）

10.1.1　架设前应对塔机自身的架设机构进行检查，保证机构处于正常状态。

10.1.2　塔机在安装、增加塔身标准节之前应对结构件和高强度螺栓进行检查，若发现下列问题应修复或更换后方可进行安装：

　　a）目视可见的结构件裂纹及焊缝裂纹；

　　b）连接件的轴、孔严重磨损；

　　c）结构件母材严重锈蚀；

　　d）结构件整体或局部塑性变形，销孔塑性变形。

（十一）塔机平衡重及压重的使用要求

《塔式起重机安全规程》（GB 5144—2006）

3.4　塔机应保证在工作和非工作状态时，平衡重及压重在其规定位置上不位移、不脱落，平衡重块之间不得互相撞击。当使用散粒物料作平衡重时应使用平衡重箱，平衡重箱应防水，保证重量准确、稳定。

（十二）起重机械结构件的连接销轴使用要求

《塔式起重机安全规程》（GB 5144—2006）

4.2.2.1　塔机使用的连接螺栓及销轴材料应符合 GB/T 13752—1992 中 5.4.2.2 的规定。

4.2.2.2　起重臂连接销轴的定位结构应能满足频繁拆装条件下安全可靠的要求。

4.2.2.3　自升式塔机的小车变幅起重臂，其下弦杆连接销轴不宜采用螺栓固定轴端挡板的形式。当连接销轴轴端采用焊接挡板时，挡板的厚度和焊缝应有足够的强度、

挡板与销轴应有足够的重合面积，以防止销轴在安装和工作中由于锤击力及转动可能产生的不利影响。

4.2.2.4 采用高强度螺栓连接时，其连接表面应清除灰尘，油漆、油迹和锈蚀。应使用力矩扳手或专用扳手，按使用说明书要求拧紧。塔机出厂时应根据用户需要提供力矩扳手或专用扳手。

（十三）起重机械零部件使用要求

《塔式起重机安全规程》（GB 5144—2006）

5　机构及零部件

5.1　一般要求

5.1.1　在正常工作或维修时，机构及零部件的运动对人体可能造成危险的，应设有防护装置。

5.1.2　应采取有效措施，防止塔机上的零件掉落造成危险。可拆卸的零部件如盖、箱体及外壳等应与支座牢固连接，防止掉落。

5.2　钢丝绳

5.2.1　钢丝绳直径的计算与选择应符合 GB/T 13752—1992 中 6.4.2 的规定。在塔机工作时，承载钢丝绳的实际直径不应小于 6mm。

5.2.2　钢丝绳的安装、维护、保养、检验及报废应符合 GB/T 5972 的有关规定。

5.2.3　钢丝绳端部的固接应符合下列要求：

a）用钢丝绳夹固接时，应符合 GB/T 5976 中的规定，固接强度不应小于钢丝绳破断拉力的 85%；

b）用编结固接时，编结长度不应小于钢丝绳直径的 20 倍，且不小于 300 mm，固接强度不应小于钢丝绳破断拉力的 75%；

c）用楔形接头固接时，楔与楔套应符合 GB/T 5973 中的规定，固接强度不应小于钢丝绳破断拉力的 75%；

d）用锥形套浇铸法固接时，固接强度应达到钢丝绳的破断拉力；

e）用铝合金压制接头固接时，固接强度应达到钢丝绳破断拉力的 90%；

f）用压板固接时，压板应符合 GB/T 5975 中的规定，固接强度应达到钢丝绳的破断拉力。

5.2.4　塔机起升钢丝绳宜使用不旋转钢丝绳。未采用不旋转钢丝绳时，其绳端应设有防扭装置。

5.3　吊钩

5.3.1　吊钩应符合 GB/T 9462—1999 中 4.4.1 的规定。

5.3.2　吊钩禁止补焊，有下列情况之一的应予以报废：

a）用 20 倍放大镜观察表面有裂纹；

b）钩尾和螺纹部分等危险截面及钩筋有永久性变形；

c）挂绳处截面磨损量超过原高度的 10%；

d）心轴磨损量超过其直径的 5%；

e）开口度比原尺寸增加 15%。

5.4 卷筒和滑轮

5.4.1 卷筒和滑轮的最小卷绕直径的计算，应符合 GB/T 13752—1992 中 6.4.3.1 的规定。

5.4.2 卷筒两侧边缘超过最外层钢丝绳的高度不应小于钢丝绳直径的 2 倍。

5.4.3 钢丝绳在卷筒上的固定应安全可靠，且符合 5.2.3 中有关要求。钢丝绳在放出最大工作长度后，卷筒上的钢丝绳至少应保留 3 圈。

5.4.4 当最大起重量不超过 1t 时，小车牵引机构允许采用摩擦牵引方式。

5.4.5 卷筒和滑轮有下列情况之一的应予以报度：

a）裂纹或轮缘破损；

b）卷筒壁磨损量达原壁厚的 10%；

c）滑轮绳槽壁厚磨损量达原壁厚的 20%；

d）滑轮槽底的磨损量超过相应钢丝绳直径的 25%。

5.5 制动器

5.5.1 塔机的起升、回转、变幅、行走机构都应配备制动器。

对于电力驱动的塔机，在产生大的电压降或在电气保护元件动作时，不允许导致各机构的动作失去控制。

动臂变幅的塔机，应设有维修变幅机构时能防止卷筒转动的可靠装置。

5.5.2 各机构制动器的选择应符合 GB/T 13752—1992 中 6.2 的规定。

5.5.3 制动器零件有下列情况之一的应予以报废

a）可见裂纹；

b）制动块摩擦衬垫磨损量达原厚度的 50%；

c）制动轮表面磨损量达 1.5mm ~ 2 mm；

d）弹簧出现塑性变形；

e）电磁铁杠杆系统空行程超过其额定行程的 10%。

5.6 车轮

5.6.1 车轮的计算、选择应符合 GB/T 13752—1992 中 6.4.4 的规定。

5.6.2 车轮的技术要求应符合 JG/T 53 中的有关规定。

5.6.3 车轮有下列情况之一的应予以报度：

a）可见裂纹；

b）车轮踏面厚度磨损量达原厚度的 15%；

c）车轮轮缘厚度磨损量达原厚度的 50%。

（十四）起重机械与架空线路安全距离要求

《建筑与市政工程施工现场临时用电安全技术标准》（JGJ/T 46—2024）

8.1.4　起重机不得越过无防护设施的外电架空线路作业。在外电架空线路附近吊装时，塔式起重机的吊具或被吊物体端部与架空线路之间的最小安全距离应符合表8.1.4规定。

起重机与架空线路边线的最小安全距离　　　　　　　　表8.1.4

安全距离（m）　　　　电压（kV）	< 1	10	35	110	220	330	500
沿垂直方向	1.5	3.0	4.0	5.0	6.0	7.0	8.5
沿水平方向	1.5	2.0	3.5	4.0	6.0	7.0	8.5

（十五）塔式起重机在安装前和使用过程的检查要求

《建筑施工塔式起重机安装、使用、拆卸安全技术规程》（JGJ 196—2010）

3.4.1　安装前应根据专项施工方案、对塔式起重机基础的下列项目进行检查，确认合格后方可实施：

1 基础的位置、标高、尺寸；

2 基础的隐蔽工程验收记录和混凝土强度报告等相关资料；

3 安装辅助设备的基础、地基承载力、预埋件等；

4 基础的排水措施。

4.0.5　塔式起重机起吊前，当吊物与地面或其他物件之间存在吸附力或摩擦力而未采取处理措施时，不得起吊。

4.0.6　塔式起重机起吊前，应对安全装置进行检查，确认合格后方可起吊；安全装置失灵时，不得起吊。

4.0.7　塔式起重机起吊前，应按本规程第6章的要求对吊具与索具进行检查，确认合格后方可起吊，当吊具与索具不符合相关规定的，不得用于起吊作业。

（十六）塔式起重机使用前对作业人员的安全技术交底的要求

《建筑施工塔式起重机安装、使用、拆卸安全技术规程》（JGJ 196—2010）

4.0.2　塔式起重机使用前，应对起重司机、起重信号工、司索工等作业人员进行安全技术交底。

（十七）起重机械的操作要求

《建筑机械使用安全技术规程》（JGJ 33—2012）

4.1.15 在风速达到12.0m/s及以上或大雨、大雪、大雾等恶劣天气时，应停止露天的起重吊装作业。重新作业前，应先试吊，并应确认各种安全装置灵敏可靠后进行作业。

4.1.16 操作人员进行起重机械回转、变幅、行走和吊钩升降等动作前，应发出音响信号示意。

4.1.17 建筑起重机械作业时，应在臂长的水平投影覆盖范围外设置警戒区域，并应有监护措施；起重臂和重物下方不得有人停留、工作或通过。不得用吊车、物料提升机载运人员。

4.1.18 不得使用建筑起重机械进行斜拉、斜吊和起吊埋设在地下或凝固在地面上的重物以及其他不明重量的物体。

4.1.19 起吊重物应绑扎平稳、牢固，不得在重物上再堆放或悬挂零星物件。易散落物件应使用吊笼吊运。标有绑扎位置的物件，应按标记绑扎后吊运。吊索的水平夹角宜为45°～60°，不得小于30°，吊索与物件棱角之间应加保护垫料。

4.1.20 起吊载荷达到起重机械额定起重量的90%及以上时应先将重物吊离地面不大于200mm，检查起重机械的稳定性和制动可靠性，并应在确认重物绑扎牢固平稳后再继续起吊。对大体积或易晃动的重物应拴拉绳。

4.1.21 重物的吊运速度应平稳、均匀，不得突然制动。回转未停稳前，不得反向操作。

4.1.22 建筑起重机械作业时，在遇突发故障或突然停电时，应立即把所有控制器拨到零位，并及时关闭发动机或断开电源总开关，然后进行检修。起吊物不得长时间悬挂在空中，应采取措施将重物降落到安全位置。

（十八）起重机械安装拆卸的相关要求

1.《建筑施工塔式起重机安装、使用、拆卸安全技术规程》（JGJ 196—2010）

2.0.3 塔式起重机安装、拆卸作业应配备下列人员：

1 持有安全生产考核合格证书的项目负责人和安全负责人、机械管理人员；

2 具有建筑施工特种作业操作资格证书的建筑起重机械安装拆卸工、起重司机、起重信号工、司索工等特种作业操作人员。

2.《建筑机械使用安全技术规程》（JGJ 33—2012）

4.5.2 桅杆式起重机专项方案必须按规定程序审批，并应经专家论证后实施。施工单位必须指定安全技术人员对杆式起重机的安装、使用和拆卸进行现场监督和监测。

（十九）起重机械的保养、维修作业的要求

1.《建筑机械使用安全技术规程》（JGJ 33—2012）

2.0.21 清洁、保养、维修机械或电气装置前，必须先切断电源等机械停稳后再进行操作。严禁带电或采用预约停送电时间的方式进行检修。

2.《建筑施工升降机安装、使用、拆卸安全技术规程》（JGJ 215—2010）

5.3.9 严禁在施工升降机运行中进行保养、维修作业。

（二十）钢丝绳的使用要求

《建筑机械使用安全技术规程》（JGJ 33—2012）

4.1.24 建筑起重机械使用的钢丝绳，应有钢丝绳制造厂提供的质量合格证明文件。

4.1.25 建筑起重机械使用的钢丝绳，其结构形式、强度、规格等应符合起重机使用说明书的要求。钢丝绳与卷筒应连接牢固，放出钢丝绳时，卷筒上应至少保留三圈，收放钢丝绳时应防止钢丝绳损坏、扭结、弯折和乱绳。

4.1.26 钢丝绳采用编结固接时，编结部分的长度不得小于钢丝绳直径的 20 倍，并不应小于 300mm，其编结部分应用细钢丝捆扎。当采用绳卡固接时，与钢丝绳直径匹配的绳卡数量应符合表 4.1.26 的规定，绳卡间距应是 6 倍～7 倍钢丝绳直径，最后一个绳卡距绳头的长度不得小于 140mm。绳卡滑鞍（夹板）应在钢丝绳承载时受力的一侧，U 形螺栓应在钢丝绳的尾端，不得正反交错。绳卡初次固定后，应待钢丝绳受力后再次紧固，并宜拧紧到使尾端钢丝绳受压处直径高度压扁 1/3。作业中应经常检查紧固情况。

与绳径匹配的绳卡数 　　　　　　　　　　　　　　　表 4.1.26

钢丝绳公称直径（mm）	≤ 18	> 18～26	> 26～36	> 36～44	> 44～60
最少绳卡数（个）	3	4	5	6	7

4.1.27 每班作业前，应检查钢丝绳及钢丝绳的连接部位。钢丝绳报废标准按现行国家标准《起重机钢丝绳保养、维护、安装、检验和报废》GB/T 5972 的规定执行。

4.1.28 在转动的卷筒上缠绕钢丝绳时，不得用手拉或脚踩引导钢丝绳，不得给正在运转的钢丝绳涂抹润滑脂。

（二十一）起重机械吊索具的使用要求

《建筑施工塔式起重机安装、使用、拆卸安全技术规程》（JGJ 196—2010）

6.1.1 塔式起重机安装、使用、拆卸时，起重吊具、索具应符合下列要求：

1 吊具与索具产品应符合现行行业标准《起重机械吊具与索具安全规程》LD48 的规定；

2 吊具与索具应与吊重种类、吊运具体要求以及环境条件相适应；

3 作业前应对吊具与索具进行检查，当确认完好时方可投入使用；

4 吊具承载时不得超过额定起重量，吊索（含各分肢）不得超过安全工作载荷；

5 塔式起重机吊钩的吊点，应与吊重重心在同一条铅垂线上，使吊重处于稳定平衡状态。

6.1.2 新购置或修复的吊具、索具，应进行检查、确认合格后方可使用。

6.1.3 吊具、索具在每次使用前应进行检查，经检查确认符合要求后，方可继续使用。当发现有缺陷时，应停止使用。

6.1.4 吊具与索具每6个月应进行一次检查，并应作好记录检验记录应作为继续使用、维修或报废的依据。

（二十二）施工升降机层门的设置要求

《施工升降机安全规程》（GB 10055—2007）

5.2 层门

5.2.1 层门应保证在关闭时人员不能进出。

5.2.2 对于全高度层门，除了门下部间隙不应大于50mm外，各门周围的间隙或门各零件间的间隙应符合表2的规定。

表2　单位为毫米

与相近运动部件的间隙（a）	孔眼或开口的尺寸（b）
$a \leqslant 22$	$b \leqslant 10$
$22 < a \leqslant 50$	$b \leqslant 13$
$50 < a \leqslant 100$	$b \leqslant 25$

注：若孔眼或开口是长方形，则其宽度不应大于表内所列最大数值，其长度可大于表内最大数值。

5.2.3 层门可采用实体板、冲孔板、焊接或编织网等制作，网孔门的孔眼或开口应符合表2的规定，其承载性能应符合4.2.3的规定。

5.2.4 层门不得向吊笼运行通道一侧开启，实体板的层门上应在视线位置设观察窗，窗的面积不应小于25000 mm^2。

5.2.5 层门的净宽度与吊笼进出口宽度之差不得大于120mm。

5.2.6 全高度层门开启后的净高度不应小于2.0m。在特殊情况下，当进入建筑物的入口高度小于2.0m时，则允许降低层门框架高度，但净高度不应小于1.8m。

5.2.7 高度降低的层门不应小于1.1m。层门与正常工作的吊笼运动部件的安全距离不应小于0.85m；如果施工升降机额定提升速度不大于0.7m/s时，则此安全距离可为0.5m。

5.2.8 高度降低的层门两侧应设置高度不小于1.1m的护栏，护栏的中间高度应设横杆，踢脚板高度不小于100mm。侧面护栏与吊笼的间距应为100mm~200mm。

5.2.9 水平滑动层门和垂直滑动层门应在相应的上下边或两侧设置导向装置，其运动应有挡块限位。

5.2.10 垂直滑动层门至少应有两套独立的悬挂支承系统。

5.2.11 层门的平衡重必须有导向装置，并且应有防止其滑出导轨的措施。门与平衡重的重量之差不应超过5kg，应有保护人的手指不被门压伤的措施。

5.2.12 正常工况下，关闭的吊笼门与层门间的水平距离不应大于200mm。

（二十三）物料提升机附墙、缆风绳及地锚的设置要求

《龙门架及井架物料提升机安全技术规范》（JGJ 88—2010）

8.2.1 当导轨架的安装高度超过设计的最大独立高度时，必须安装附墙架。

8.2.2 宜采用制造商提供的标准附墙架，当标准附墙架结构尺寸不能满足要求时，可经设计计算采用非标附墙架，并应符合下列规定：

1 附墙架的材质应与导轨架相一致；附墙架与导轨架及建筑结构采用刚性连接，不得与脚手架连接；

2 附墙架间距、自由端高度不应大于使用说明书的规定值；附墙架的结构形式，可按本规范附录A选用。

8.3.1 当物料提升机安装条件受到限制不能使用附墙架时，可采用缆风绳，缆风绳的设置应符合说明书的要求，并应符合下列规定：

1 每一组四根缆风绳与导轨架的连接点应在同一水平高度，且应对称设置；缆风绳与导轨架的连接处应采取防止钢丝绳受剪破坏的措施；

2 缆风绳宜设在导轨架的顶部；当中间设置缆风绳时，应采取增加导轨架刚度的措施；

3 缆风绳与水平面夹角宜在45°~60°之间，并应采用与缆风绳等强度的花篮螺栓与地锚连接。

8.3.2 当物料提升机安装高度大于或等于30m时，不得使用缆风绳。

8.4.1 地锚应根据导轨架的安装高度及土质情况，经设计计算确定。

8.4.2 30m以下物料提升机可采用桩式地锚。当采用钢管（48mm×3.5mm）或角

钢（75mm×6mm）时，不应少于2根；应并排设置，间距不应小于0.5m，打入深度不应小于1.7m；顶部应设有防止缆风绳滑脱的装置。

（二十四）起重机械的种类、用途及特点

根据质检总局关于修订《特种设备目录》的公告（2014年第114号），起重机械是指用于垂直升降或者垂直升降并水平移动重物的机电设备，其范围规定为额定起重量大于或者等于0.5t的升降机；额定起重量大于或者等于3t（或额定起重力矩大于或者等于40t·m的塔式起重机，或生产率大于或者等于300t/h的装卸桥），且提升高度大于或者等于2m的起重机；层数大于或者等于2层的机械式停车设备。

根据国家质检总局颁布的《特种设备目录》，起重机械分为：桥式起重机、门式起重机、塔式起重机、流动式起重机、门座式起重机、升降机、缆索式起重机、桅杆式起重机、机械式停车设备。

常用的建筑起重机械包括：塔式起重机、门式起重机、履带起重机、汽车起重机、施工升降机、桥式起重机。

塔式起重机：塔式起重机是建筑工程中最常见的起重机械之一，以其高度适应性和强大的承重能力而闻名。它通常由塔身、变幅机构、起升机构和行走机构等部分组成，具有稳定性好、工作范围广、高度可调和转动灵活的特点。塔式起重机广泛应用于高层建筑的施工和吊装重物。

门式起重机：门式起重机由钢结构框架和吊臂组成，适用于跨越大型工程的起重作业。其设计使得它具有较强的承重能力和抗风能力，特别适用于桥梁建设、港口装卸等大型工程。

履带起重机：履带起重机由底盘、上部旋转平台和吊臂等部分组成，具有强大的越野能力和承重能力。它适用于复杂地形和狭小施工空间，能够在恶劣条件下完成各种起重任务，常用于城市建设、道路施工等。

汽车起重机：汽车起重机安装在汽车底盘上，具有便捷灵活、操作简单的特点。它适用于各种道路运输和简单的起重任务，广泛应用于城市建筑、桥梁、道路维修等工程。

施工升降机：施工升降机主要用于人员和材料的垂直运输，提高施工效率和安全性。它通常由升降机车厢、卷扬机和导轨等组成，广泛应用于高层建筑、电梯井施工等领域。

桥式起重机：桥式起重机横跨在两侧支架上，具有受力平稳、准确定位的特点，适用于重型加工制造、装配车间等场所。

（二十五）专项施工方案的主要内容

《危险性较大的分部分项工程专项施工方案编制指南》

三、起重吊装及安装拆卸工程

（一）工程概况

1. 起重吊装及安装拆卸工程概况和特点：

（1）本工程概况、起重吊装及安装拆卸工程概况。

（2）工程所在位置、场地及其周边环境（包括邻近建（构）筑物、道路及地下地上管线、高压线路、基坑的位置关系）、装配式建筑构件的运输及堆场情况等。

（3）邻近建（构）筑物、道路及地下管线的现况（包括基坑深度、层数、高度、结构型式等）。

（4）施工地的气候特征和季节性天气。

2. 施工平面布置：

（1）施工总体平面布置：临时施工道路及材料堆场布置，施工、办公、生活区域布置，临时用电、用水、排水、消防布置，起重机械配置，起重机械安装拆卸场地等。

（2）地下管线（包括供水、排水、燃气、热力、供电、通信、消防等）的特征、埋置深度等。

（3）道路的交通负载。

3. 施工要求：明确质量安全目标要求，工期要求（本工程开工日期和计划竣工日期），起重吊装及安装拆卸工程计划开工日期、计划完工日期。

4. 风险辨识与分级：风险因素辨识及起重吊装、安装拆卸工程安全风险分级。

5. 参建各方责任主体单位。

（二）编制依据

1. 法律依据：起重吊装及安装拆卸工程所依据的相关法律、法规、规范性文件、标准、规范等。

2. 项目文件：施工图设计文件，吊装设备、设施操作手册（使用说明书），被安装设备设施的说明书，施工合同等。

3. 施工组织设计等。

（三）施工计划

1. 施工进度计划：起重吊装及安装、加臂增高起升高度、拆卸工程施工进度安排，具体到各分项工程的进度安排。

2. 材料与设备计划：起重吊装及安装拆卸工程选用的材料、机械设备、劳动力等进出场明细表。

3. 劳动力计划。

（四）施工工艺技术

1. 技术参数：工程的所用材料、规格、支撑形式等技术参数，起重吊装及安装、拆卸设备设施的名称、型号、出厂时间、性能、自重等，被吊物数量、起重量、起升高度、组件的吊点、体积、结构形式、重心、通透率、风载荷系数、尺寸、就位位置等性能参数。

2. 工艺流程：起重吊装及安装拆卸工程施工工艺流程图，吊装或拆卸程序与步骤，二次运输路径图，批量设备运输顺序排布。

3. 施工方法：多机种联合起重作业（垂直、水平、翻转、递吊）及群塔作业的吊装及安装拆卸，机械设备、材料的使用，吊装过程中的操作方法，吊装作业后机械设备和材料拆除方法等。

4. 操作要求：吊装与拆卸过程中临时稳固、稳定措施，涉及临时支撑的，应有相应的施工工艺，吊装、拆卸的有关操作具体要求，运输、摆放、胎架、拼装、吊运、安装、拆卸的工艺要求。

5. 安全检查要求：吊装与拆卸过程主要材料、机械设备进场质量检查、抽检，试吊作业方案及试吊前对照专项施工方案有关工序、工艺、工法安全质量检查内容等。

（五）施工保证措施

1. 组织保障措施：安全组织机构、安全保证体系及人员安全职责等。

2. 技术措施：安全保证措施、质量技术保证措施、文明施工保证措施、环境保护措施、季节性及防台风施工保证措施等。

3. 监测监控措施：监测点的设置，监测仪器、设备和人员的配备，监测方式、方法、频率、信息反馈等。

（六）施工管理及作业人员配备和分工

1. 施工管理人员：管理人员名单及岗位职责（如项目负责人、项目技术负责人、施工员、质量员、各班组长等）。

2. 专职安全人员：专职安全生产管理人员名单及岗位职责。

3. 特种作业人员：机械设备操作人员持证人员名单及岗位职责。

4. 其他作业人员：其他人员名单及岗位职责。

（七）验收要求

1. 验收标准：起重吊装及起重机械设备、设施安装，过程中各工序、节点的验收标准和验收条件。

2. 验收程序及人员：作业中起吊、运行、安装的设备与被吊物前期验收，过程监控（测）措施验收等流程（可用图、表表示）；确定验收人员组成（建设、设计、施工、监理、监测等单位相关负责人）。

3. 验收内容：进场材料、机械设备、设施验收标准及验收表，吊装与拆卸作业全过程安全技术控制的关键环节，基础承载力满足要求，起重性能符合，吊、索、卡、具完好，被吊物重心确认，焊缝强度满足设计要求，吊运轨迹正确，信号指挥方式确定。

（八）应急处置措施

1. 应急处置领导小组组成与职责、应急救援小组组成与职责，包括抢险、安保、后勤、医救、善后、应急救援工作流程、联系方式等。

2. 应急事件（重大隐患和事故）及其应急措施。

3. 周边建构筑物、道路、地下管线等产权单位各方联系方式、救援医院信息（名称、电话、救援线路）。

4. 应急物资准备。

（九）计算书及相关施工图纸

1. 计算书

（1）支承面承载能力的验算

移动式起重机（包括汽车式起重机、折臂式起重机等未列入《特种设备目录》中的移动式起重设备和流动式起重机）要求进行地基承载力的验算；吊装高度较高且地基较软弱时，宜进行地基变形验算。

设备位于边坡附近，应进行边坡稳定性验算。

（2）辅助起重设备起重能力的验算

垂直起重工程，应根据辅助起重设备站位图、吊装构件重量和几何尺寸，以及起吊幅度、就位幅度、起升高度，校核起升高度、起重能力，以及被吊物是否与起重臂自身干涉，还有起重全过程中与既有建构筑物的安全距离。

水平起重工程，应根据坡度和支承面的实际情况，校核动力设备的牵引力、提供水平支撑反力的结构承载能力。

联合起重工程，应充分考虑起重不同步造成的影响，应适当在额定起重性能的基础上进行折减。

室外起重作业，起升高度很高，且被吊物尺寸较大时，应考虑风荷载的影响。

自制起重设备设施，应具备完整的计算书，各项荷载的分项系数应符合《起重机设计规范》GB/T 3811—2008 的规定。

（3）吊索具的验算

根据吊索、吊具的种类和起重形式建立受力模型，对吊索、吊具进行验算，选择适合的吊索具。应注意被吊物翻身时，吊索具的受力会产生变化。

自制吊具，如平衡梁等，应具有完整的计算书，根据需要校核其局部和整体的强度、刚度、稳定性。

（4）被吊物受力验算

兜、锁、吊、捆等不同系挂工艺，吊链、钢丝绳吊索、吊带等不同吊索种类，对被吊物受力产生不同的影响。应根据实际情况分析被吊物的受力状态，保证被吊物安全。

吊耳的验算。应根据吊耳的实际受力状态、具体尺寸和焊缝形式校核其各部位强度。尤其注意被吊物需要翻身的情况，应关注起重全过程中吊耳的受力状态会产生变化。

大型网架、大高宽比的 T 梁、大长细比的被吊物、薄壁构件等，没有设置专用吊耳的，起重过程的系挂方式与其就位后的工作状态有较大区别，应关注并校核起重各个状态下整体和局部的强度、刚度和稳定性。

（5）临时固定措施的验算

对尚未处于稳定状态的被安装设备或结构，其地锚、缆风绳、临时支撑措施等，应考虑正常状态下向危险方向倾斜不少于 5° 时的受力，在室外施工的，应叠加同方向的风荷载。

（6）其他验算

塔机附着，应对整个附着受力体系进行验算，包括附着点强度、附墙耳板各部位的强度、穿墙螺栓、附着杆强度和稳定性、销轴和调节螺栓等。

缆索式起重机、悬臂式起重机、桥式起重机、门式起重机、塔式起重机、施工升降机等起重机械安装工程，应附完整的基础设计。

2. 相关施工图纸：施工总平面布置及说明，平面图、立面图应标注明起重吊装及安装设备设施或被吊物与邻近建（构）筑物、道路及地下管线、基坑、高压线路之间的平、立面关系及相关形、位尺寸（条件复杂时，应附剖面图）。

（二十六）起重机械日常检查的相关规定

1.《建筑施工塔式起重机安装、使用、拆卸安全技术规程》（JGJ 196—2010）

4.0.21 塔式起重机的主要部件和安全装置等应进行经常性检查，每月不得少于一次，并应有记录；当发现有安全隐患时，应及时进行整改。

4.0.22 当塔式起重机使用周期超过一年时，应按本规程附录进行一次全面检查，合格后方可继续使用。

2.《建筑施工升降机安装、使用、拆卸安全技术规程》（JGJ 215—2010）

5.3.1 在每天开工前和每次换班前，施工升降机司机应按使用说明书及本规程附录E的要求对施工升降机进行检查。对检查结果应进行记录，发现问题应向使用单位报告。

5.3.2 在使用期间，使用单位应每月组织专业技术人员按本规程附录F对施工升降机进行检查，并对检查结果进行记录。

5.3.3 当遇到可能影响施工升降机安全技术性能的自然灾害，发生设备事故或停工6个月以上时，应对施工升降机重新组织检查验收。

（二十七）起重机械定期维护保养规定

1.《建筑施工塔式起重机安装、使用、拆卸安全技术规程》（JGJ 196—2010）

4.0.18 每班作业应作好例行保养，并应作好记录。记录的主要内容应包括结构件外观、安全装置、传动机构、连接件、制动器、索具、夹具、吊钩、滑轮、钢丝绳、液位、油位、油压、电源、电压等。

4.0.19 实行多班作业的设备，应执行交接班制度，认真填写交接班记录，接班司机经检查确认无误后，方可开机作业。

4.0.20 塔式起重机应实施各级保养。转场时，应作转场保养，并应有记录。

2.《建筑施工升降机安装、使用、拆卸安全技术规程》(JGJ 215—2010)

5.3.4 应按使用说明书的规定对施工升降机进行保养、维修，保养、维修的时间间隔应根据使用频率、操作环境和施工升降机状况等因素确定。使用单位应在施工升降机使用期间安排足够的设备保养、维修时间。

5.3.5 对保养和维修后的施工升降机，经检测确认各部件状态良好后，宜对施工升降机进行额定载重量试验。双吊笼施工升降机应对左右吊笼分别进行额定载重量试验。试验范围应包括施工升降机正常运行的所有方面。

5.3.6 施工升降机使用期间，每3个月应进行不少于一次的额定载重量坠落试验。坠落试验的方法、时间间隔及评定标准应符合使用说明书和现行国家标准《施工升降机》GB/T 10054 的有关要求。

5.3.7 对施工升降机进行检修时应切断电源，并应设置醒目的警示标志。当需通电检修时，应做好防护措施。

5.3.8 不得使用未排除安全隐患的施工升降机。

5.3.9 严禁在施工升降机运行中进行保养、维修作业。

5.3.10 施工升降机保养过程中，对磨损、破坏程度超过规定的部件，应及时进行维修或更换，并由专业技术人员检查验收。

5.3.11 应将各种与施工升降机检查、保养和维修相关的记录纳入安全技术档案，并在施工升降机使用期间内在工地存档。

四、起重吊装工程

主要标准规范:《建筑与市政施工现场安全卫生与职业健康通用规范》《建筑施工起重吊装工程安全技术规范》

（一）起重吊装吊具和索具的使用要求

《建筑与市政施工现场安全卫生与职业健康通用规范》(GB 55034—2022)

3.4.2　使用吊具和索具应符合下列规定:

1 吊具和索具的性能、规格应满足吊运要求,并与环境条件相适应;

2 作业前应对吊具与索具进行检查,确认完好后方可投入使用;

3 承载时不得超过额定荷载。

（二）吊装作业防倾覆、防失稳安全管理规定

《建筑与市政施工现场安全卫生与职业健康通用规范》(GB 55034—2022)

3.4.6　吊装作业时,对未形成稳定体系的部分,应采取临时固定措施。对临时固定的构件,应在安装固定完成并经检查确认无误后,方可解除临时固定措施。

（三）采用非常规起重设备、方法,且单件起吊重量在 100kN 及以上的起重吊装工程的相关要求

采用非常规起重设备、方法,且单件起吊重量在 100kN 及以上的起重吊装工程属于超过一定规模的危险性较大的分部分项工程,应执行《危险性较大的分部分项工程安全管理规定》(住房和城乡建设部令第 37 号)中有关超过一定规模的危大工程的管理规定。

（四）起重吊装专项施工方案编制和安全技术措施交底的相关要求

专项方案具体内容参照《危险性较大的分部分项工程专项施工方案编制指南》(三、起重吊装及安装拆卸工程)

（五）暂停起重吊装作业时采取临时固定措施的相关要求

《建筑施工起重吊装工程安全技术规范》（JGJ 276—2012）

3.0.19 暂停作业时，对吊装作业中未形成稳定体系的部分，必须采取临时固定措施。

3.0.23 对临时固定的构件，必须在完成了永久固定，并经检查确认无误后，方可解除临时固定措施。

（六）吊装作业设置安全保护区域及警示标识的相关要求

《建筑与市政施工现场安全卫生与职业健康通用规范》（GB 55034—2022）

3.4.1 吊装作业前应设置安全保护区域及警示标识，吊装作业时应安排专人监护，防止无关人员进入，严禁任何人在吊物或起重臂下停留或通过。

（七）各类起重吊装（钢筋混凝土结构、钢结构、特种结构等）安全技术要求

《建筑施工起重吊装工程安全技术规范》（JGJ 276—2012）

5.1.3 构件翻身应符合下列规定：

1 柱翻身时，应确保本身能承受自重产生的正负弯矩值。其两端距端面 1/5～1/6 柱长处应垫方木或枕木。

2 屋架或薄腹梁翻身时应验算抗裂性，不够时应予加固。

当屋架或薄腹梁高度超过 1.7m 时，应在表面加绑木、竹或钢管横杆增加屋架平面刚度，并在屋架两端设置方木或枕木，其上表面应与屋架底面齐平，且屋架间不得有粘结现象。翻身时，应做到一次扶直或将屋架转到与地面夹角达到 70° 后，方可刹车。

5.1.4 构件拼装应符合下列规定：

1 当采用平拼时，应防止在翻身过程中发生损坏和变形；当采用立拼时，应采取可靠的稳定措施。当大跨度构件进行高空立拼时，应搭设带操作台的拼装支架。

2 当组合屋架采用立拼时，应在拼架上设置安全挡木。

5.1.5 吊点设置和构件绑扎应符合下列规定：

1 当构件无设计吊环（点）时，应通过计算确定绑扎点的位置。绑扎方法应可靠，且摘钩应简便安全。

2 当绑扎竖直吊升的构件时，应符合下列规定：

1）绑扎点位置应略高于构件重心。

2）在柱不翻身或吊升中不会产生裂缝时，可采用斜吊绑扎法。

3）天窗架宜采用四点绑扎。

3 当绑扎水平吊升的构件时，应符合下列规定：

1）绑扎点应按设计规定设置，无规定时，最外吊点应在距构件两端 1/5～1/6 构件全长处进行对称绑扎。

2）各支吊索内力的合力作用点应处在构件重心线上。

3）屋架绑扎点宜在节点上或靠近节点。

4 绑扎应平稳、牢固，绑扎钢丝绳与物体间的水平夹角应为：构件起吊时不得小于 45°；构件扶直时不得小于 60°。

5.1.6 构件起吊前，其强度应符合设计规定，并应将其上的模板、灰浆残渣、垃圾碎块等全部清除干净。

5.1.7 楼板、屋面板吊装后，对相互间或其上留有的空隙和洞口，应设置盖板或围护，并应符合现行行业标准《建筑施工高处作业安全技术规范》JGJ 80 的规定。

5.1.8 多跨单层厂房宜先吊主跨，后吊辅助跨；先吊高跨，后吊低跨。多层厂房宜先吊中间，后吊两侧，再吊角部，且应对称进行。

5.1.9 作业前应清除吊装范围内的障碍物。

6.1.1 钢构件应按规定的吊装顺序配套供应，装卸时，装卸机械不得靠近基坑行走。

6.1.2 钢构件的堆放场地应平整，构件应放平、放稳，避免变形。

6.1.3 柱底灌浆应在柱校正完或底层第一节钢框架校正完，并紧固地脚螺栓后进行。

6.1.4 作业前应检查操作平台、脚手架和防风设施。

6.1.5 柱、梁安装完毕后，在未设置浇筑楼板用的压型钢板时，应在钢梁上铺设适量吊装和接头连接作业时用的带扶手的走道板。压型钢板应随铺随焊。

6.1.6 吊装程序应符合施工组织设计的规定。缆风绳或溜绳的设置应明确，对不规则构件的吊装，其吊点位置，捆绑、安装、校正和固定方法应明确。

7.1.1 吊装作业应按施工组织设计的规定执行。

7.1.2 施工现场的钢管焊接工，应经过焊接球节点与钢管连接的全位置焊接工艺评定和焊工考试合格后，方可上岗。

7.1.3 吊装方法应根据网架受力和构造特点，在保证质量、安全、进度的要求下，结合当地施工技术条件综合确定。

7.1.4 吊装的吊点位置和数量的选择，应符合下列规定：

1 应与网架结构使用时的受力状况一致或经过验算杆件满足受力要求；

2 吊点处的最大反力应小于起重设备的负荷能力；

3 各起重设备的负荷宜接近。

7.1.5 吊装方法选定后，应分别对网架施工阶段吊点的反力、杆件内力和挠度、支承柱的稳定性和风荷载作用下网架的水平推力等项进行验算，必要时应采取加固措施。

7.1.6 验算荷载应包括吊装阶段结构自重和各种施工荷载。吊装阶段的动力系数应为：提升或顶升时，取 1.1；拔杆吊装时取 1.2；履带式或汽车式起重机吊装时，取 1.3。

7.1.7 在施工前应进行试拼及试吊，确认无问题后方可正式吊装。

7.1.8 当网架采用在施工现场拼装时，小拼应先在专门的拼装架上进行。高空总拼应采用预拼装或其他保证精度措施，总拼的各个支承点应防止出现不均匀下沉。

（八）起重吊装作业过程日常检查的相关规定

《建筑施工起重吊装工程安全技术规范》（JGJ 276—2012）

3.0.3 起重吊装作业前，应检查所使用的机械、滑轮、吊具和地锚等，必须符合安全要求。

3.0.5 起重设备的通行道路应平整，承载力应满足设备通行要求。吊装作业区域四周应设置明显标志，严禁非操作人员入内。夜间不宜作业，当确需夜间作业时，应有足够的照明。

3.0.7 绑扎所用的吊索、卡环、绳扣等的规格应根据计算确定，起吊前，应对起重机钢丝绳及连接部位和吊具进行检查。

3.0.17 开始起吊时，应先将构件吊离地面200mm～300mm后暂停，检查起重机的稳定性、制动装置的可靠性、构件的平衡性和绑扎的牢固性等，确认无误后，方可继续起吊。已吊起的构件不得长久停滞在空中。严禁超载和吊装重量不明的重型构件和设备。

五、施工机具

主要标准规范:《建筑与市政施工现场安全卫生与职业健康通用规范》《建筑机械使用安全技术规程》《施工现场机械设备检查技术标准》

（一）桩机、混凝土泵车使用安全技术要求

《建筑机械使用安全技术规程》（JGJ 33—2012）

7.1.3 施工现场应按桩机使用说明书的要求进行整平压实，地基承载力应满足桩机的使用要求。在基坑和围堰内打桩，应配置足够的排水设备。

7.1.4 桩机作业区内不得有妨碍作业的高压线路、地下管道和埋设电缆。作业区应有明显标志或围栏，非工作人员不得进入。

7.1.5 桩机电源供电距离宜在200m以内，工作电源电压的允许偏差为其公称值的±5%。电源容量与导线截面应符合设备施工技术要求。

7.1.6 作业前，应由项目负责人向作业人员作详细的安全技术交底。桩机的安装、试机、拆除应严格按设备使用说明书的要求进行。

8.5.1 混凝土泵车应停放在平整坚实的地方，与沟槽和基坑的安全距离应符合使用说明书的要求。臂架回转范围内不得有障碍物，与输电线路的安全距离应符合现行行业标准《施工现场临时用电安全技术规范》JGJ 46 的有关规定。

8.5.2 混凝土泵车作业前，应将支腿打开，并应采用垫木垫平车身的倾斜度不应大于3°。

8.5.3 作业前应重点检查下列项目，并应符合相应要求：

1 安全装置应齐全有效，仪表应指示正常；

2 液压系统、工作机构应运转正常；

3 料斗网格应完好牢固；

4 软管安全链与臂架连接应牢固。

8.5.4 伸展布料杆应按出厂说明书的顺序进行。布料杆在升离支架前不得回转。不得用布料杆起吊或拖拉物件。

8.5.5 当布料杆处于全伸状态时，不得移动车身。当需要移动车身时，应将上段布料杆折叠固定，移动速度不得超过10km/h。

8.5.6 不得接长布料配管和布料软管

使用混凝土泵车、打桩设备大型机械设备，未校核其运行路线及作业位置承载能力判定为重大事故隐患。

（二）施工机具各种安全防护装置、保险装置、报警装置等使用要求

《建筑与市政施工现场安全卫生与职业健康通用规范》（GB 55034—2022）

3.6.3 机械上的各种安全防护装置、保险装置、报警装置应齐全有效，不得随意更换、调整或拆除。

（三）汽车式起重机、履带式起重机、曲臂式登高车等大型移动设备使用安全技术要求

《建筑机械使用安全技术规程》（JGJ 33—2012）

4.2.1 起重机械应在平坦坚实的地面上作业、行走和停放。作业时，坡度不得大于3°，起重机械应与沟渠、基坑保持安全距离。

4.2.5 作业时，起重臂的最大仰角不得超过使用说明书的规定。当无资料可查时，不得超过78°。

4.2.6 起重机械变幅应缓慢平稳，在起重臂未停稳前不得变换挡位。

4.2.7 起重机械工作时，在行走、起升、回转及变幅四种动作中，应只允许不超过两种动作的复合操作。当负荷超过该工况额定负荷的90%及以上时，应慢速升降重物，严禁超过两种动作的复合操作和下降起重臂。

4.2.9 采用双机抬吊作业时，应选用起重性能相似的起重机进行。抬吊时应统一指挥，动作应配合协调，载荷应分配合理，起吊重量不得超过两台起重机在该工况下允许起重量总和的75%，单机的起吊载荷不得超过允许载荷的80%。在吊装过程中，两台起重机的吊钩滑轮组应保持垂直状态。

4.2.11 起重机械不宜长距离负载行驶。起重机械负载时应缓慢行驶，起重量不得超过相应工况额定起重量的70%，起重臂应位于行驶方向正前方，载荷离地面高度不得大于500mm，并应拴好拉绳。

4.2.12 起重机械上、下坡道时应无载行走，上坡时应将起重臂仰角适当放小，下坡时应将起重臂仰角适当放大。下坡严禁空挡滑行。在坡道上严禁带载回转。

4.2.13 作业结束后，起重臂应转至顺风方向，并应降至40°～60°之间，吊钩应提升到接近顶端的位置，关停内燃机，并应将各操纵杆放在空挡位置，各制动器应加保险固定，操作室和机棚应关门加锁。

4.3.4 作业前，应全部伸出支腿，调整机体使回转支撑面的倾斜度在无载荷时不大于1/1000（水准居中）。支腿的定位销必须插上。底盘为弹性悬挂的起重机，插支腿前应先收紧稳定器。

4.3.5 作业中不得扳动支腿操纵阀。调整支腿时应在无载荷时进行，应先将起重臂转至正前方或正后方之后，再调整支腿。

4.3.7 起重臂顺序伸缩时，应按使用说明书进行，在伸臂的同时应下降吊钩。当制动器发出警报时，应立即停止伸臂。

4.3.8 汽车式起重机变幅角度不得小于各长度所规定的仰角。

4.3.9 汽车式起重机起吊作业时，汽车驾驶室内不得有人，重物不得超越汽车驾驶室上方，且不得在车的前方起吊。

4.3.11 作业中发现起重机倾斜、支腿不稳等异常现象时，应在保证作业人员安全的情况下，将重物降至安全的位置。

4.3.12 当重物在空中需停留较长时间时，应将起升卷筒制动锁住，操作人员不得离开操作室。

4.3.13 起吊重物达到额定起重量的90%以上时，严禁向下变幅，同时严禁进行两种及以上的操作动作。

4.3.15 起重机械带载行走时，道路应平坦坚实，载荷应符合使用说明书的规定，重物离地面不得超过500mm，并应拴好拉绳，缓慢行驶。

4.3.19 行驶时，底盘走台上不得有人员站立或蹲坐，不得堆放物件。

使用汽车起重机、履带起重机大型机械设备，未校核其运行路线及作业位置承载能力判定为重大事故隐患。

（四）机械各种安全防护和保险装置的相关要求

《建筑机械使用安全技术规程》（JGJ 33—2012）

2.0.3 机械上的各种安全防护和保险装置及各种安全信息装置必须齐全有效。

（五）清洁、保养、维修机械的操作要求

1.《建筑与市政施工现场安全卫生与职业健康通用规范》（GB 55034—2022）

3.6.4 机械作业应设置安全区域，严禁非作业人员在作业区停留、通过、维修或保养机械。当进行清洁、保养、维修机械时应设置警示标识，待切断电源、机械停稳后，方可进行操作。

2.《建筑机械使用安全技术规程》（JGJ 33—2012）

2.0.21 清洁、保养、维修机械或电气装置前，必须先切断电源等机械停稳后再进行操作。严禁带电或采用预约停送电时间的方式进行检修。

（六）施工机具作业前的检查要求

《建筑机械使用安全技术规程》(JGJ 33—2012)

2.0.1　特种设备操作人员应经过专业培训、考核合格取得建设行政主管部门颁发的操作证，并应经过安全技术交底后持证上网。

2.0.2　机械必须按出厂使用说明书规定的技术性能、承载能力和使用条件，正确操作，合理使用，严禁超载、超速作业或任意扩大使用范围。

2.0.3　机械上的各种安全防护和保险装置及各种安全信息装置必须齐全有效。

2.0.4　机械作业前，施工技术人员应向操作人员进行安全技术交底。操作人员应熟悉作业环境和施工条件，并应听从指挥，遵守现场安全管理规定。

2.0.5　在工作中，应按规定使用劳动保护用品。高处作业时应系安全带。

2.0.6　机械使用前，应对机械进行检查、试运转。

（七）机械作业和配合人员的相关要求

《建筑机械使用安全技术规程》(JGJ 33—2012)

5.1.10　机械回转作业时，配合人员必须在机械回转半径以外工作当需在回转半径以内工作时，必须将机械停止回转并制动。

（八）焊割现场及高空焊割的相关要求

《建筑机械使用安全技术规程》(JGJ 33—2012)

12.1.1　焊接（切割）前，应先进行动火审查，确认焊接（切割）现场防火措施符合要求，并应配备相应的消防器材和安全防护用品，落实监护人员后，开具动火证。

12.1.3　现场使用的电焊机应设有防雨、防潮、防晒、防砸的措施。

12.1.4　焊割现场及高空焊割作业下方，严禁堆放油类、木材、氧气瓶、乙炔瓶、保温材料等易燃、易爆物品。

12.1.6　电焊机导线和接地线不得搭在易燃、易、带有热源或有油的物品上；不得利用建（构）筑物的金属结构、管道、轨道或其他金属物体，搭接起来，形成焊接回路，并不得将电焊机和工件双重接地；严禁使用氧气、天然气等易燃易爆气体管道作为接地装置。

12.1.14　雨雪天不得在露天电焊。在潮湿地带作业时，应铺设绝缘物品，操作人员应穿绝缘鞋。

（九）发电机的使用要求

《施工现场机械设备检查技术标准》（JGJ 160—2016）

4.1.5　柴油发电机组严禁与外电线路并列运行，且应采取电气隔离措施与外电线路互锁。当两台及以上发电机组并列运行时，必须装设同步装置，且应在机组同步后再向负载供电。

（十）施工机具进场验收管理规定

《建筑机械使用安全技术规程》（JGJ 33—2012）

2.0.11　机械设备的地基基础承载力应满足安全使用要求。机械安装、试机、拆卸应按使用说明书的要求进行。使用前应经专业技术人员验收合格。

（十一）施工机具日常检查的相关规定

《建筑机械使用安全技术规程》（JGJ 33—2012）

2.0.6　机械使用前，应对机械进行检查、试运转。

2.0.7　操作人员在作业过程中，应集中精力，正确操作，并应检查机械工况，不得擅自离开工作岗位或将机械交给其他无证人员操作。无关人员不得进入作业区或操作室内。

2.0.8　操作人员应根据机械有关保养维修规定，认真及时做好机械保养维修工作，保持机械的完好状态，并应做好维修保养记录。

2.0.9　实行多班作业的机械，应执行交接班制度，填写交接班记录，接班人员上岗前应认真检查。

六、模板工程

主要标准规范：《房屋市政工程生产安全重大事故隐患判定标准》（2024版）、《建筑与市政施工现场安全卫生与职业健康通用规范》《建筑施工模板安全技术规范》《建筑施工扣件式钢管脚手架安全技术规范》《建筑施工碗扣式钢管脚手架安全技术规范》《建筑施工承插型盘扣式钢管脚手架安全技术标准》

（一）模板工程的地基基础承载力和变形的要求

1.《建筑施工模板安全技术规范》（ JGJ 162—2008 ）第 6.1.2 条

6 现浇多层或高层房屋和构筑物，安装上层模板及其支架应符合下列规定：

1）下层楼板应具有承受上层施工荷载的承载能力，否则应加设支撑支架；

2）上层支架立柱应对准下层支架立柱，并应在立柱底铺设垫板；

3）当采用悬臂吊模板、桁架支模方法时，其支撑结构的承载能力和刚度必须符合设计构造要求。

2.《建筑与市政施工现场安全卫生与职业健康通用规范》（ GB 55034—2022 ）

3.5.9 模板及支架应根据施工工况进行设计，并应满足承载力、刚度和稳定性要求。

模板支架的基础承载力和变形不满足设计要求判定为重大事故隐患。

（二）模板支架承受的施工荷载要求

1.《建筑施工模板安全技术规范》（ JGJ 162—2008 ）

8.0.7 脚手架或操作平台上的施工总荷载不得超过其设计值。

2.《建筑与市政施工现场安全卫生与职业健康通用规范》（ GB 55034—2022 ）

3.5.12 临时支撑结构安装、使用时应符合下列规定：

2 临时支撑结构作业层上的施工荷载不得超过设计允许荷载。

模板支架承受的施工荷载超过设计值判定为重大事故隐患。

（三）模板支架拆除及滑模、爬模爬升时，混凝土的强度要求

1.《混凝土结构工程施工规范》（ GB 50666—2011 ）

4.5.2 底模及支架应在混凝土强度达到设计要求后再拆除；当设计无具体要求时，同条件养护的混凝土立方体试件抗压强度应符合规定。

2.《建筑施工模板安全技术规范》（ JGJ 162—2008 ）

6.4.3 大模板爬升时，新浇混凝土的强度不应低于 $1.2N/mm^2$。支架爬升时的附墙

架穿墙螺栓受力处的新浇混凝土强度应达到10N/mm²以上。

7.1.2　当混凝土未达到规定强度或已达到设计规定强度，需提前拆模或承受部分超设计荷载时，必须经过计算和技术主管确认其强度能足够承受此荷载后，方可拆除。

7.1.3　在承重焊接钢筋骨架作配筋的结构中，承受混凝土重量的模板，应在混凝土达到设计强度的25%后方可拆除承重模板。当在已拆除模板的结构上加置荷载时，应另行核算。

7.1.4　大体积混凝土的拆模时间除应满足混凝土强度要求外，还应使混凝土内外温差降低到25℃以下时方可拆模。否则应采取有效措施防止产生温度裂缝。

7.1.5　后张预应力混凝土结构的侧模宜在施加预应力前拆除底模应在施加预应力后拆除。当设计有规定时，应按规定执行。

7.6.1　脱模时，梁、板混凝土强度等级不得小于设计强度的75%。

6.4.3　施工过程中爬升大模板及支架时，应符合下列规定：

4 大模板爬升时，新浇混凝土的强度不应低于1.2N/mm² 支架爬升时的附墙架穿墙螺栓受力处的新浇混凝土强度成达到10N/mm²以上。

3.《滑动模板工程技术标准》（GB/T 50113—2019）

6.6.3　初滑时，宜将混凝土分层交圈浇筑至500mm～700mm（或模板高度的1/2～2/3）高度，待第一层混凝土强度达到0.2MPa～0.4MPa或混凝土贯入阻力值为0.30kN/cm²～1.05kN/cm²时，应进行（1～2）个千斤顶行程的提升，并对滑模装置和混凝土凝结状态进行全面检查，确定正常后，方可转为正常滑升。

4.《建筑与市政施工现场安全卫生与职业健康通用规范》（GB 55034—2022）

3.5.10　混凝土强度应达到规定要求后，方可拆除模板和支架。

模板支架拆除及滑模、爬模爬升时，混凝土强度未达到设计或规范要求判定为重大事故隐患。

（四）混凝土浇筑安全技术要求

《建筑施工模板安全技术规范》（JGJ 162—2008）

5.1.2　模板及其支架的设计应符合下列规定：

3 混凝土梁的施工应采用从跨中向两端对称进行分层浇筑，每层厚度不得大于400mm。

危险性较大的混凝土模板支撑工程未按专项施工方案要求的顺序或分层厚度浇筑混凝土判定为重大事故隐患。

（五）模板支架施工荷载的相关要求

《施工脚手架通用规范》（GB 55023—2022）

4.2.1 脚手架承受的荷载应包括永久荷载和可变荷载。

4.2.2 脚手架的永久荷载应包括下列内容：

1 脚手架结构件自重；

2 脚手板、安全网、栏杆等附件的自重；

3 支撑脚手架所支撑的物体自重；

4 其他永久荷载。

4.2.4 脚手架可变荷载标准值的取值应符合下列规定：

3 应根据实际情况确定支撑脚手架上的施工荷载标准值且不应低于表4.2.4-2的规定；

支撑脚手架施工荷载标准值 表 4.2.4-2

类别	施工荷载标准值（kN/m²）	
混凝土结构模板支撑脚手架	一般	2.5
	有水平泵管设置	4.0
钢结构安装支撑脚手架	轻钢结构、轻钢空间网架结构	2.0
	普通钢结构	3.0
	重型钢结构	3.5

4 支撑脚手架上移动的设备、工具等物品应按其自重计算可变荷载标准值。

（六）各类工具式模板工程，包括滑模、爬模、飞模、隧道模等工程的管理要求

《建筑施工模板安全技术规范》（JGJ 162—2008）

6.1.1 模板安装前必须做好下列安全技术准备工作。

1 应审查模板结构设计与施工说明书中的荷载、计算方法、节点构造和安全措施，设计审批手续应齐全。

2 应进行全面的安全技术交底，操作班组应熟悉设计与施工说明书，并应做好模板安装作业的分工准备。采用爬模、飞模、隧道模等特殊模板施工时，所有参加作业人员必须经过专门技术培训，考核合格后方可上岗。

3 应对模板和配件进行挑选、检测，不合格者应剔除，并应运至工地指定地点堆放。

4 备齐操作所需的一切安全防护设施和器具。

5 掌握搭设高度8m及以上，或搭设跨度18m及以上，或施工总荷载（设计值）

15kN/m² 及以上，或集中线荷载（设计值）20kN/m 及以上的混凝土模板支撑工程的管理要求。

（七）用于钢结构安装等满堂支撑体系，承受单点集中荷载 7kN 及以上的承重支撑体系的管理规定

用于钢结构安装等满堂支撑体系，承受单点集中荷载 7kN 及以上的承重支撑体系工程属于超过一定规模的危险性较大的分部分项工程，应执行《危险性较大的分部分项工程安全管理规定》（住房和城乡建设部令第 37 号）中有关超过一定规模的危大工程的管理规定。

（八）模板支撑体系的材料、构配件现场检验、扣件抽样复试要求

1.《施工脚手架通用规范》（GB 55023—2022）

6.0.1　对搭设脚手架的材料、构配件质量，应按进场批次分品种、规格进行检验，检验合格后方可使用。

6.0.2　脚手架材料、构配件质量现场检验应采用随机抽样的方法进行外观质量、实测实量检验。

2.《建筑施工扣件式钢管脚手架安全技术规范》（JGJ 130—2011）

8.1.4　扣件进入施工现场应检查产品合格证，并应进行抽样复试，技术性能应符合现行国家标准《钢管脚手架扣件》GB 15831 的规定。扣件在使用前应逐个挑选，有裂缝、变形、螺栓出现滑丝的严禁使用。

（九）模板支撑体系的搭设和使用管理规定

《施工脚手架通用规范》（GB 55023—2022）

5.2.1　脚手架应按顺序搭设，并应符合下列规定：

1 落地作业脚手架、悬挑脚手架的搭设应与主体结构工程施工同步，一次搭设高度不应超过最上层连墙件 2 步，且自由高度不应大于 4m；

2 剪刀撑、斜撑杆等加固杆件应随架体同步搭设；

3 构件组装类脚手架的搭设应自一端向另一端延伸，应自下而上按步逐层搭设；并应逐层改变搭设方向；

4 每搭设完一步距架体后，应及时校正立杆间距、步距、垂直度及水平杆的水平度。

5.2.4　脚手架安全防护网和防护栏杆等防护设施应随架体搭设同步安装到位。

5.3.3 严禁将支撑脚手架、缆风绳、混凝土输送泵管、卸料平台及大型设备的支承件等固定在作业脚手架上。严禁在作业脚手架上悬挂起重设备。

5.3.5 当遇到下列情况之一时，应对脚手架进行检查并应形成记录，确认安全后方可继续使用：

1 承受偶然荷载后；

2 遇有6级及以上强风后；

3 大雨及以上降水后；

4 冻结的地基土解冻后；

5 停用超过1个月；

6 架体部分拆除；

7 其他特殊情况。

5.3.6 脚手架在使用过程中出现安全隐患时，应及时排除，当出现下列状态之一时，应立即撤离作业人员，并应及时组织检查处置：

1 杆件、连接件因超过材料强度破坏，或因连接节点产生滑移，或因过度变形而不适于继续承载；

2 脚手架部分结构失去平衡；

3 脚手架结构杆件发生失稳；

4 脚手架发生整体倾斜；

5 地基部分失去继续承载的能力。

5.3.7 支撑脚手架在浇筑混凝土、工程结构件安装等施加荷载的过程中，架体下严禁有人。

（十）模板结构构件的长细比的相关要求

《建筑施工模板安全技术规范》(JGJ 162—2008)

5.1.6 模板结构构件的长细比应符合下列规定

1 受压构件长细比：支架立柱及桁架，不应大于150；拉条、缀条、斜撑等连系构件，不应大于200；

2 受拉构件长细比：钢杆件，不应大于350；木杆件，不应大于250。

（十一）支撑梁、板的支架立柱构造与安装要求

《建筑施工模板安全技术规范》(JGJ 162—2008)

6.1.9 支撑梁、板的支架立柱构造与安装应符合下列规定：

1 梁和板的立柱，其纵横向间距应相等或成倍数。

2 木立柱底部应设垫木，顶部应设支撑头。钢管立柱底部应设垫木和底座，顶部应设可调支托，U形支托与楞梁两侧间如有间隙，必须楔紧，其螺杆伸出钢管顶部不得大于200mm，螺杆外径与立柱钢管内径的间隙不得大于3mm，安装时应保证上下同心。

3 在立柱底距地面200mm高处，沿纵横水平方向应按纵下横上的程序设扫地杆。可调支托底部的立柱顶端应沿纵横向设置一道水平拉杆。扫地杆与顶部水平拉杆之间的间距，在满足模板设计所确定的水平拉杆步距要求条件下，进行平均分配确定步距后，在每一步距处纵横向应各设一道水平拉杆。当层高在8m～20m时，在最顶步距两水平拉杆中间应加设一道水平拉杆；当层高大于20m时，在最顶两步距水平拉杆中间应分别增加一道水平拉杆。所有水平拉杆的端部均应与四周建筑物顶紧顶牢。无处可顶时，应在水平拉杆端部和中部沿竖向设置连续式剪刀撑。

4 木立柱的扫地杆、水平拉杆、剪刀撑应采用40mm×50mm木条或25mm×80mm的木板条与木立柱钉牢。钢管立柱的扫地杆、水平拉杆、剪刀撑应采用φ48mm×3.5mm钢管，用扣件与钢管立柱扣牢。木扫地杆、水平拉杆、剪刀撑应采用搭接，并应采用铁钉钉牢。钢管扫地杆、水平拉杆应采用对接，剪刀撑应采用搭接，搭接长度不得小于500mm，并应采用2个旋转扣件分别在离杆端不小于100mm处进行固定。

（十二）扣件式钢管脚手架作立柱支撑时的构造与安装要求

《建筑施工模板安全技术规范》（JGJ 162—2008）

6.2.4 当采用扣件式钢管作立柱支撑时，其构造与安装应符合下列规定：

1 钢管规格、间距、扣件应符合设计要求。每根立柱底部应设置底座及垫板，垫板厚度不得小于50mm。

2 钢管支架立柱间距、扫地杆、水平拉杆、剪刀撑的设置应符合本规范第6.1.9条的规定。当立柱底部不在同一高度时，高处的纵向扫地杆应向低处延长不少于2跨，高低差不得大于1m，立柱距边坡上方边缘不得小于0.5m。

3 立柱接长严禁搭接，必须采用对接扣件连接，相邻两立柱的对接接头不得在同一步内，且对接接头沿竖向错开的距离不宜小于500mm，各接头中心距主节点不宜大于步距的1/3。

4 严禁将上段的钢管立柱与下段钢管立柱错开固定在水平拉杆上。

5 满堂模板和共享空间模板支架立柱，在外侧周圈应设由下至上的竖向连续式剪刀撑；中间在纵横向应每隔10m左右设由下至上的竖向连续式剪刀撑，其宽度宜为4m～6m，并在剪刀撑部位的顶部、扫地杆处设置水平剪刀撑（图6.2.4-1）。剪刀撑杆件的底端应与地面顶紧，夹角宜为45°～60°。当建筑层高在8m～20m时，除应满足上述规定外，还应在纵横向相邻的两竖向连续式剪刀撑之间增加之字斜撑，在有水平剪刀撑的部位，应在每个剪刀撑中间处增加一道水平剪刀撑（图6.2.4-2）。当建筑层高超过 20m 时，在满足以上规定的基础上，应将所有之字斜撑全部改为连续式剪刀撑（图 6.2.4-3）。

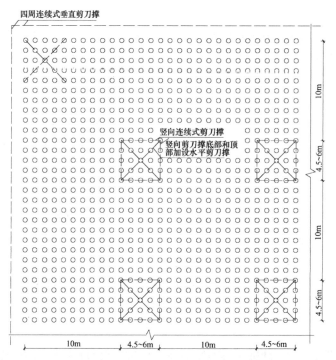

图 6.2.4-1　剪刀撑布置图（一）

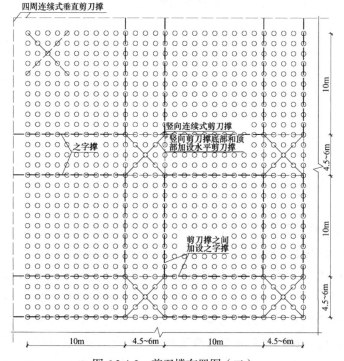

图 6.2.4-2　剪刀撑布置图（二）

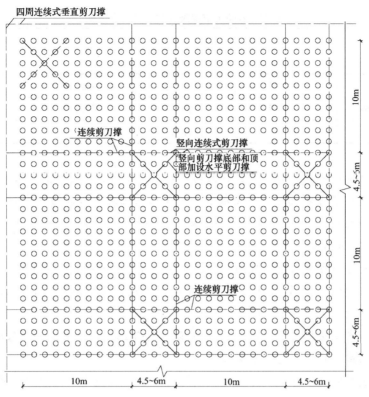

图 6.2.4-3　剪刀撑布置图（三）

6 当支架立柱高度超过 5m 时，应在立柱周圈外侧和中间有结构柱的部位，按水平间距 6m～9m、竖向间距 2m～3m 与建筑结构设置一个固结点。

（十三）承插型盘扣式钢管脚手架作立柱支撑时的构造与安装要求

《建筑施工承插型盘扣式钢管脚手架》（JGJ/T 231—2021）

6.2.1　支撑架的高宽比宜控制在 3 以内，高宽比大于 3 的支撑架应与既有结构进行刚性连接或采取增加抗倾覆措施。

6.2.2　对标准步距为 1.5m 的支撑架，应根据支撑架搭设高度、支撑架型号及立杆轴向力设计值进行竖向斜杆布置，竖向斜杆布置型式选用应符合表 6.2.2 的要求。

标准型（B 型）支撑架竖向斜杆布置型式　　　　　　　　　　　表 6.2.2-1

立杆轴力设计值 N（kN）	搭设高度 H（m）			
	$H \leq 8$	$8 < H \leq 16$	$16 < H \leq 24$	$H > 24$
$N \leq 25$	间隔 3 跨	间隔 3 跨	间隔 2 跨	间隔 1 跨
$25 < N \leq 40$	间隔 2 跨	间隔 1 跨	间隔 1 跨	间隔 1 跨
$N > 40$	间隔 1 跨	间隔 1 跨	间隔 1 跨	每跨

重型（Z型）支撑架竖向斜杆布置型式　　　　表 6.2.2-2

立杆轴力设计值 N（kN）	搭设高度 H（m）			
	$H \leqslant 8$	$8 < H \leqslant 16$	$16 < H \leqslant 24$	$H > 24$
$N \leqslant 40$	间隔 3 跨	间隔 3 跨	间隔 2 跨	间隔 1 跨
$40 < N \leqslant 65$	间隔 2 跨	间隔 1 跨	间隔 1 跨	间隔 1 跨
$N > 65$	间隔 1 跨	间隔 1 跨	间隔 1 跨	每跨

6.2.3　当支撑架搭设高度大于 16m 时，顶层步距内应每跨布置竖向斜杆。

6.2.4　支撑架可调托撑伸出顶层水平杆或双槽托梁中心线的悬臂长度（图 6.2.4）不应超过 650mm，且丝杆外露长度不应超过 400mm，可调托撑插入立杆或双槽托梁长度不得小于 150mm。

6.2.5　支撑架可调底座丝杆插入立杆长度不得小于 150mm，丝杆外露长度不宜大于 300mm，作为扫地杆的最底层水平杆中心线高度离可调底座的底板高度不应大于550mm。

6.2.6　当支撑架搭设高度超过 8m、有既有建筑结构时，应沿高度每间隔 4~6 个步距与周围已建成的结构进行可靠拉结。

6.2.7　支撑架应沿高度每间隔 4~6 个标准步距应设置水平剪刀撑，并应符合现行行业标准《建筑施工扣件式钢管脚手架安全技术规范》JGJ 130 中钢管水平剪刀撑的相关规定。

6.2.8　当以独立塔架形式搭设支撑架时，应沿高度间隔 2~4 个步距与相邻的独立塔架水平拉结。

（十四）模板专项施工方案的主要内容

《危险性较大的分部分项工程专项施工方案编制指南》

二、模板支撑体系工程

（一）工程概况

1. 模板支撑体系工程概况和特点：本工程及模板支撑体系工程概况，具体明确模板支撑体系的区域及梁板结构概况，模板支撑体系的地基基础情况等。

2. 施工平面及立面布置：本工程施工总体平面布置情况、支撑体系区域的结构平面图及剖面图。

3. 施工要求：明确质量安全目标要求，工期要求（本工程开工日期、计划竣工日期），模板支撑体系工程搭设日期及拆除日期。

4. 风险辨识与分级：风险辨识及模板支撑体系安全风险分级。

5. 施工地的气候特征和季节性天气。

6. 参建各方责任主体单位。

（二）编制依据

1. 法律依据：模板支撑体系工程所依据的相关法律、法规、规范性文件、标准、规范等。

2. 项目文件：施工合同（施工承包模式）、勘察文件、施工图纸等。

3. 施工组织设计等。

（三）施工计划

1. 施工进度计划：模板支撑体系工程施工进度安排，具体到各分项工程的进度安排。

2. 材料与设备计划：模板支撑体系选用的材料和设备进出场明细表。

3. 劳动力计划。

（四）施工工艺技术

1. 技术参数：模板支撑体系的所用材料选型、规格及品质要求，模架体系设计、构造措施等技术参数。

2. 工艺流程：支撑体系搭设、使用及拆除工艺流程支架预压方案。

3. 施工方法及操作要求：模板支撑体系搭设前施工准备、基础处理、模板支撑体系搭设方法、构造措施（剪刀撑、周边拉结、后浇带支撑设计等）、模板支撑体系拆除方法等。

4. 支撑架使用要求：混凝土浇筑方式、顺序、模架使用安全要求等。

5. 检查要求：模板支撑体系主要材料进场质量检查，模板支撑体系施工过程中对照专项施工方案有关检查内容等。

（五）施工保证措施

1. 组织保障措施：安全组织机构、安全保证体系及相应人员安全职责等。

2. 技术措施：安全保证措施、质量技术保证措施、文明施工保证措施、环境保护措施、季节性施工保证措施等。

3. 监测监控措施：监测点的设置、监测仪器设备和人员的配备、监测方式方法、信息反馈、预警值计算等。

（六）施工管理及作业人员配备和分工

1. 施工管理人员：管理人员名单及岗位职责（如项目负责人、项目技术负责人、施工员、质量员、各班组长等）。

2. 专职安全人员：专职安全生产管理人员名单及岗位职责。

3. 特种作业人员：模板支撑体系搭设持证人员名单及岗位职责。

4. 其他作业人员：其他人员名单及岗位职责。

（七）验收要求

1. 验收标准：根据施工工艺明确相关验收标准及验收条件。

2. 验收程序及人员：具体验收程序，确定验收人员组成（建设、设计、施工、监理、监测等单位相关负责人）。

3. 验收内容：材料构配件及质量、搭设场地及支撑结构的稳定性、阶段搭设质量、支撑体系的构造措施等。

（八）应急处置措施

1.应急处置领导小组组成与职责、应急救援小组组成与职责，包括抢险、安保、后勤、医救、善后、应急救援工作流程、联系方式等。

2.应急事件（重大隐患和事故）及其应急措施。

3.救援医院信息（名称、电话、救援线路）。

4.应急物资准备。

（九）计算书及相关图纸

1.计算书：支撑架构配件的力学特性及几何参数，荷载组合包括永久荷载、施工荷载、风荷载，模板支撑体系的强度、刚度及稳定性的计算，支撑体系基础承载力、变形计算等。

2.相关图纸：支撑体系平面布置、立（剖）面图（含剪刀撑布置），梁模板支撑节点详图与结构拉结节点图，支撑体系监测平面布置图等。

（十五）施工各阶段模板验收规定

《施工脚手架通用规范》(GB 55023—2022)

6.0.4　脚手架搭设过程中，应在下列阶段进行检查，检查合格后方可使用；不合格应进行整改，整改合格后方可使用：

1 基础完工后及脚手架搭设前；

2 首层水平杆搭设后；

6 搭设支撑脚手架，高度每2步~4步或不大于6m。

6.0.5　脚手架搭设达到设计高度或安装就位后，应进行验收，验收不合格的，不得使用。脚手架的验收应包括下列内容：

1 材料与构配件质量；

2 指设场地、支承结构件的固定；

3 架体搭设质量；

4 专项施工方案、产品合格证、使用说明及检测报告、检查记录、测试记录等技术资料。

（十六）模板工程日常检查的相关规定

1.《施工脚手架通用规范》(GB 55023—2022)

5.3.4　脚手架在使用过程中，应定期进行检查并形成记录，脚手架工作状态应符合下列规定：

1 主要受力杆件、剪刀撑等加固杆件和连墙件应无缺失、无松动，架体应无明显变形；

2 场地应无积水，立杆底端应无松动、无悬空；

3 安全防护设施应齐全、有效，应无损坏缺失；

5.3.5 当遇到下列情况之一时，应对脚手架进行检查并应形成记录，确认安全后方可继续使用：

1 承受偶然荷载后；

2 遇有 6 级及以上强风后；

3 大雨及以上降水后；

4 冻结的地基土解冻后；

5 停用超过 1 个月；

6 架体部分拆除；

7 其他特殊情况。

5.3.6 脚手架在使用过程中出现安全隐患时，应及时排除；当出现下列状态之一时，应立即撤离作业人员，并应及时组织检查处置：

1 杆件、连接件因超过材料强度破坏，或因连接节点产生滑移，或因过度变形而不适于继续承载；

2 脚手架部分结构失去平衡；

3 脚手架结构杆件发生失稳；

4 脚手架发生整体倾斜；

5 地基部分失去继续承载的能力。

2.《建筑施工模板安全技术规范》(JGJ 162—2008)

8.0.5 施工过程中的检查项目应符合下列要求：

1 立柱底部基土应回填夯实。

2 垫术应满足设计要求。

3 底座位置应正确，顶托螺杆伸出长度应符合规定。立杆的规格尺寸和垂直度应符合要求，不得出现偏心荷载。

4 扫地杆、水平拉杆、剪刀撑等的设置应符合规定，固定应可靠。

5 安全网和各种安全设施应符合要求。

七、施工临时用电

主要规范标准:《房屋市政工程生产安全重大事故隐患判定标准》(2024版)、《建设工程施工现场供用电安全规范》《建筑与市政施工现场安全卫生与职业健康通用规范》《建筑与市政工程施工现场临时用电安全技术标准》

(一) 特殊作业环境照明安全电压使用要求

1.《建设工程施工现场供用电安全规范》(GB 50194—2014)

10.2.4 严禁利用额定电压220V的临时照明灯具作为行灯使用。

10.2.5 下列特殊场所应使用安全特低电压系统(SELV)供电的照明装置,且电源电压应符合下列规定:

1 下列特殊场所的安全特低电压系统照明电源电压不应大于24V

1) 金属结构构架场所

2) 隧道人防等地下空间

3) 有导电粉腐蚀介质、蒸汽及高温炎热的场所

2 下列特殊场所的特低电压系统照明电源电压不应大于12V

1) 相对湿度长期处于95%以上的潮湿场所

2) 导电良好的地面、狭窄的导电场所

10.2.6 为特低电压照明装置供电的变压器应符合下列规定:

1 应采用双绕组型安全隔离变压器;不得使用自耦变压器安全隔离变压器二次回路不应接地。

10.2.7 行灯变压器严禁带入金属容器或金属管道内使用。

2.《建筑与市政工程施工现场临时用电安全技术标准》(JGJ/T 46—2024)

9.2.2 下列特殊场所应使用安全特低电压照明器:

1 隧道、人防工程、高温、有导电灰尘、潮湿场所的照明,电源电压不应大于AC36V;

2 灯具离地面高度低于2.5m的场所,照明电源电压不应大于AC36V;

3 易触及带电体场所的照明,电源电压不应大于AC24V;

4 导电良好的地面、锅炉或金属容器内的照明,电源电压不应大于AC12V。

3.《建筑与市政施工现场安全卫生与职业健康通用规范》(GB 55034—2022)

3.10.4 施工现场的特殊场所照明应符合下列规定:

1 手持式灯具应采用供电电压不大于36V的安全特低电压(SELV)供电;

2 照明变压器应使用双绕组型安全隔离变压器,严禁采用自耦变压器;

3 安全隔离变压器严禁带入金属容器或金属管道内使用。

以上规定存在不同数值要求的,以最小为准。

特殊作业环境(通风不畅、高温、有导电灰尘、相对湿度长期超过75%、泥泞、存在积水或其他导电液体等不利作业环境)照明未按规定使用安全电压判定为重大事故隐患。

（二）配电箱、开关箱剩余电流动作保护器使用要求

剩余电流保护器是一种用于检测和防止剩余电流的电器元件。如果电路中的电线绝缘层破损，导致相线和中性线之间存在剩余电流，剩余电流保护器立即断开电路，以保护人员安全。它通常安装在设备上，每台用电设备都有对应的剩余电流保护器。

《建筑与市政工程施工现场临时用电安全技术标准》（JGJ/T 46—2024）

剩余电流动作保护器：在正常运行条件下能接通、承载和分断电流，并且当剩余电流达到规定值时能使触头断开的机械开关电器或组合电器。

3.1.1　施工现场临时用电工程专用的电源中性点直接接地的220V/380V三相四线制低压电力系统，应符合下列规定：

3 采用二级剩余电流动作保护系统。

3.3　剩余电流保护

3.3.2　剩余电流动作保护器应装设在总配电箱、开关箱靠近负荷的一侧，且不得用于启动电气设备的操作。

3.3.3　总配电箱中剩余电流动作保护器的额定剩余动作电流应大于30mA，额定剩余动作时间应大于0.1s，但其额定剩余动作电流与额定剩余电流动作时间的乘积不应大于30mA·s。

3.3.4　开关箱中剩余电流动作保护器的额定剩余动作电流不应大于30mA，额定剩余电流动作时间不应大于0.1s，额定剩余动作时间不应大于0.1s。使用于潮湿或有腐蚀介质场所的剩余电流动作保护器应采用防溅型产品，其额定剩余动作电流不应大于15mA，额定剩余电流动作时间不应大于0.1s。

3.3.5　总配电箱和开关箱中剩余电流动作保护器的极数和线数必须与其负荷侧负荷的相数和线数一致。

3.3.6　配电箱、开关箱中的剩余电流动作保护器宜选用电源电压故障时可自动动作的剩余电流动作保护器。

3.3.7　剩余电流动作保护器应按产品说明书安装、使用。对搁置已久重新使用或连续使用的剩余电流动作保护器应逐月检测其特性，发现问题应及时修理或更换。剩余电流动作保护器的正确使用接线方法应按图3.3.7选用。

3.3.8　剩余电流动作保护器安装应符合下列规定：

1 剩余电流动作保护器电源侧、负荷侧端子处接线应正确，不得反接；

2 剩余电流动作保护器灭弧罩安装牢固，并应在电弧喷出方向留有飞弧距离；

3 剩余电流动作保护器控制回路的铜导线截面面积不得小于2.5mm²；

4 剩余电流动作保护器端子处中性导体（N）严禁与保护接地导体（PE）连接，不得重复接地或就近与设备金属外露导体连接。

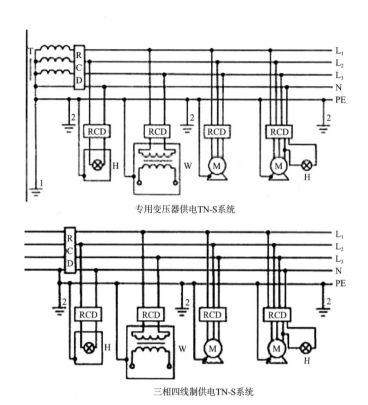

专用变压器供电TN-S系统

三相四线制供电TN-S系统

图 3.3.7　剩余电流动作保护器接线方法示意

L_1、L_2、L_3—相线；N—中性导体；PE—保护导体；1—总配电箱电源侧 PEN 重复接地；
2—系统中间和末端处 PE 接地；T—变压器；RCD—剩余电流动作保护器；H—照明器；W—电焊机；M—电动机

（三）外电线路及电气设备防护要求

《建筑与市政工程施工现场临时用电安全技术标准》（JGJ/T 46—2024）

8.1.1　在建工程不得在外电架空线路正下方施工、搭设作业棚、建造生活设施或堆放构件、架具、材料及其他杂物等。

8.1.2　在建工程（含脚手架）的周边与外电架空线路的边线之间的最小安全操作距离应符合表 8.1.2 规定。

在建工程（含脚手架）的周边与架空线路的边线之间的最小安全操作距离　　　表 8.1.2

外电线路电压等级（kV）	< 1	1 ~ 10	35 ~ 110	220	330 ~ 500
最小安全操作距离（m）	7.0	8.0	8.0	10	15

注：上、下脚手架的斜道不宜设在有外电线路的一侧。

8.1.3　施工现场的机动车道与外电架空线路交叉时，架空线路的最低点与路面的最小垂直距离应符合表 8.1.3 规定。

施工现场的机动车道与架空线路交叉时的最小垂直距离　　　　表 8.1.3

外电线路电压等级（kV）	< 1	1 ~ 10	35
最小垂直距离（m）	6.0	7.0	7.0

8.1.4　起重机不得越过无防护设施的外电架空线路作业。在外电架空线路附近吊装时，塔式起重机的吊具或被吊物体端部与架空线路之间的最小安全距离应符合表8.1.4 规定。

起重机与架空线路边线的最小安全距离　　　　表 8.1.4

电压（kV） 安全距离（m）	< 1	10	35	110	220	330	500
沿垂直方向	1.5	3.0	4.0	5.0	6.0	7.0	8.5
沿水平方向	1.5	2.0	3.5	4.0	6.0	7.0	8.5

8.1.5　施工现场开挖沟槽边缘与外电埋地电缆沟槽边缘之间的距离不应小于0.5m。

8.1.6　当第 8.1.2 条、第 8.1.3 条及第 8.1.4 条的规定不能实现时，应采取绝缘隔离防护措施，并应悬挂醒目的警告标识。架设防护设施时，应经有关部门批准，采用线路暂时停电或其他可靠的安全技术措施，并应有电气工程技术人员和专职安全人员监护。防护设施与外电线路之间的安全距离不应小于表8.1.6所列数值。防护设施应坚固、稳定，且对外电线路的隔离防护应达到 IP30 级。

防护设施与外电线路之间的最小安全距离　　　　表 8.1.6

外电线路电压等级（kV）	≤ 10	35	110	220	330	500
最小安全距离（m）	2.0	3.5	4.0	5.0	6.0	7.0

8.1.7　当第 8.1.6 条规定的防护措施不能实现时，应与有关供电部门协商，采取停电、迁移外电线路等措施。

8.1.8　当在外电架空线路附近开挖沟槽时，施工现场应设有专人巡视，并采取加固措施，防止外电架空线路电杆倾斜、悬倒。

8.2.1　电气设备现场周围不得存放易燃易爆物、污源和腐蚀介质，否则应予清除或做防护处置，其防护等级必须与环境条件相适应。

8.2.2　电气设备设置场所应能避免物体打击和机械损伤，否则应做防护处置。

在建工程及脚手架、机械设备、场内机动车道与外电架空线路之间的安全距离不符合规范要求且未采取防护措施判定为重大事故隐患。

（四）TN-S接零保护系统的设置要求

1.《建筑与市政施工现场安全卫生与职业健康通用规范》（GB 55034—2022）

3.10.1 施工现场用电的保护接地与防雷接地应符合下列规定：

1 保护接地导体（PE）、接地导体和保护联结导体应确保自身可靠连接；

2 采用剩余电流动作保护电器时应装设保护接地导体（PE）；

3 共用接地装置的电阻值应满足各种接地的最小电阻值的要求。

2.《建筑与市政工程施工现场临时用电安全技术标准》（JGJ/T 46—2024）

3.1.1 施工现场临时用电工程专用的电源中性点直接接地的220V/380V三相四线制低压电力系统，应符合下列规定：

2 采用TN-S系统；

3.2.1 在施工现场专用变压器供电的TN-S系统中，电气设备的金属外壳应与保护接地导体（PE）连接。保护接地导体（PE）应由工作接地、配电室（总配电箱）电源侧中性导体（N）处引出。

3.2.2 当施工现场与外电线路共用同一供电系统时，电气设备的接地应与原系统保持一致。

3.2.3 在TN系统中，通过总剩余电流动作保护器的中性导体（N）与保护导体（PE）之间不得再做电气连接。

3.2.4 在TN系统中，保护导体（PE）应与中性导体（N）分开敷设。PE接地必须与保护导体（PE）相连接，严禁与中性导体（N）相连接。

3.2.5 当使用一次侧由50V以上电压的接零保护系统供电，二次侧为50V及以下电压的安全隔离变压器时，二次侧不得接地，并应将二次侧线路用绝缘管保护或采用橡皮护套软线。当采用普通隔离变压器时，其二次侧一端应接地；且变压器正常不带电的外露可导电部分应与一次侧回路保护接地导体（PE）做电气连接。隔离变压器尚应采取防止直接接触带电体的保护措施。

3.2.6 施工现场的临时用电配电系统严禁利用大地作相导体或中性导体。

3.2.8 保护接地导体（PE）材质与相导体、中性导体（N）相同时，其最小截面面积应符合表3.2.8的规定。

保护接地导体（PE）最小截面面积 表3.2.8

相导体截面面积 S（mm^2）	保护接地导体（PE）最小截面面积（mm^2）
$S \leqslant 25$	S
$25 < S \leqslant 50$	25
$S > 50$	$S/2$

3.2.9 保护接地导体（PE）必须采用绝缘导线。配电装置和电动机械相连接的保护接地导体（PE）应采用截面面积不小于2.5mm²的绝缘多股软铜线。手持式电动工

具的保护接地导体（PE）应采用截面面积不小于 1.5mm² 的绝缘多股软铜线。

3.2.10 保护接地导体（PE）上严禁装设开关或熔断器，严禁通过工作电流，且严禁断线。

3.2.11 导体绝缘层颜色标识必须符合下列规定：

1 相导体 L1（A）、L2（B）、L3（C）相序的绝缘层颜色应依次为黄、绿、红色；

2 中性导体（N）的绝缘层颜色应为淡蓝色；

3 保护接地导体（PE）的绝缘层颜色应为绿/黄组合色；

4 上述绝缘层颜色标识严禁混用和互相代用。

3.2.12 在 TN 系统中，下列电气设备不带电的外露可导电部分应与保护接地导体（PE）做电气连接：

1 电机、变压器、电器、照明器具、手持式电动工具的金属外壳；

2 电气设备传动装置的金属部件；

3 配电柜与控制柜的金属框架；

4 配电装置的金属箱体、框架及靠近带电部分的金属围栏和金属门；

5 电力电缆的金属保护管、敷线的钢索、起重机的底座和轨道、滑升模板金属操作平台等；

6 安装在电力线路杆（塔）上的开关、电容器等电气装置的金属外壳及支架。

3.2.13 城防、人防、隧道等潮湿或条件特别恶劣施工现场的电气设备必须采用 TN 系统。

3.2.14 在 TN 系统中，下列电气设备不带电的外露可导电部分，可不与保护导体（PE）做电气连接：

1 在木质、沥青等不良导电地坪的干燥房间内，交流电压 380V 及以下的电气装置金属外壳（当维修人员可能同时触及电气设备金属外壳和接地金属物件时除外）；

2 安装在配电柜、控制柜金属框架和配电箱的金属体上，且与其可靠电气连接的电气测量仪表、电流互感器、电器的金属外壳。

（五）临时用电组织设计及变更的编制、审核、验收要求

《建筑与市政工程施工现场临时用电安全技术标准》（JGJ/T 46—2024）

10.1.1 施工现场临时用电设备在 5 台及以上或设备总容量在 50kW 及以上者，应编制临时用电工程组织设计（或施工现场临时用电工程方案）。

10.1.2 临时用电工程组织设计应在现场勘测和确定电源进线、变电所或配电室位置及线路走向后进行，并应包括下列主要内容：

1 工程概况；

2 编制依据；

3 施工现场用电容量统计；

4 负荷计算；

5 选择变压器；

6 设计配电系统和装置：

1）设计配电线路，选择电线或电缆；

2）设计配电装置，选择电器；

3）设计接地装置；

4）设计防雷装置；

5）绘制临时用电工程图纸，主要包括临时用电工程总平面图、配电装置布置图、配电系统接线图、接地装置设计图。

7 确定防护措施；

8 制定安全用电措施和电气防火措施；

9 制定临时用电设施拆除措施；

10 制定应急预案，并开展应急演练。

10.1.3 临时用电工程图纸应单独绘制，临时用电工程应按图施工。

10.1.4 临时用电工程组织设计编制及变更时，应按照《危险性较大的分部分项工程安全管理规定》的要求，履行"编制、审核、审批"程序。变更临时用电工程组织设计时，应补充有关图纸资料。

10.1.5 临时用电工程应经总承包单位和分包单位共同验收，合格后方可使用。

10.1.6 施工现场临时用电设备在 5 台以下或设备总容量在 50kW 以下的，应制定安全用电和电气防火措施，并应符合本标准第 10.1.4 条、第 10.1.5 条的规定。

（六）临时用电工程的定期检查要求

《建筑与市政工程施工现场临时用电安全技术标准》（JGJ/T 46—2024）

10.2.1 电工应经职业资格考试合格后，持证上岗工作；其他用电人员应通过相关安全教育培训和技术交底，考核合格后方可上岗作业。

10.2.2 安装、巡检、维修临时用电设备和线路，应由电工完成，并应设有专人监护。

10.2.3 各类用电人员应掌握安全用电基本知识和所用设备的性能，并应符合下列规定：

1 使用电气设备前应按规定穿戴和配备好相应的劳动防护用品，并应检查电气装置和保护设施，不得设备带"缺陷"运转；

2 保管和维护所用设备，发现问题应及时报告解决；

3 暂时停用设备的开关箱应分断电源隔离开关，并应关门上锁；

4 移动电气设备时，应经电工切断电源并做妥善处理后进行。

10.3.1 临时用电工程应定期检查。定期检查时，应复查接地电阻、绝缘电阻，并进行剩余电流动作保护器的剩余电流动作参数测定。

10.3.2　临时用电工程定期检查应按分部、分项工程进行，对安全隐患应及时处理，并应履行复查验收手续。

10.3.3　施工现场临时用电设施的拆除应符合下列要求：

1 应按临时用电组织设计拆除；

2 拆除工作应从电源侧开始；

3 在拆除前，被拆除部分应与带电部分在电气上进行可靠断开、隔离，并悬挂"禁止合闸、有人工作"等标识牌；

4 拆除前应确保电容器已进行有效放电；

5 在拆除与运行线路（设施）交叉的临时用电线路（设施）时，应有明显的区分标识；

6 在拆除临近带电部分的临时用电设施时，应有专人监护，并应设隔离防护设施；

7 拆除过程中，应避免对设备（设施）造成损伤。

（七）临时用电防雷接地相关要求

1.《建筑与市政施工现场安全卫生与职业健康通用规范》(GB 55034—2022)

3.10.1　施工现场用电的保护接地与防雷接地应符合下列规定：

1 保护接地导体（PE）、接地导体和保护联结导体应确保自身可靠连接；

2 采用剩余电流动作保护电器时应装设保护接地导体（PE）；

3 共用接地装置的电阻值应满足各种接地的最小电阻值的要求。

2.《建筑与市政工程施工现场临时用电安全技术标准》(JGJ/T 46—2024)

3.4.1　在土壤电阻率低于 $200\Omega \cdot m$ 区域的电杆可不另设防雷接地装置，但在配电室的架空进线或出线处应将绝缘子铁脚与配电室的接地装置相连接。应装设电涌保护器。

3.4.2　施工现场内的塔式起重机、施工升降机、物料提升机等起重机械，以及钢脚手架和正在施工的在建工程等的金属结构，当在相邻建筑物、构筑物等设施的防雷装置接闪器的保护范围以外时，应按规定安装防雷装置。当最高机械设备上接闪器的保护范围能覆盖其他设备，且又最后退离现场，则其他设备可不设防雷装置。

3.4.3　机械设备或设施的防雷引下线可利用该设备或设施的金属结构体，但应保证电气连接。

3.4.4　机械设备上的接闪器长度应为 1m～2m。塔式起重机、施工升降机、施工升降平台等设备可不另设接闪器。

3.4.5　安装接闪器的机械设备，所有固定的动力、控制、照明、信号及通信线路，宜采用钢管敷设。钢管与该机械设备的金属结构体应做电气连接。

3.4.6　施工现场防雷装置的冲击接地电阻不得大于 30Ω。

3.4.7　做防雷接地机械上的电气设备，所连接的保护导体（PE）必须同时做重复接地，同一台机械电气设备的重复接地和机械的防雷接地可共用同一接地体，但接地电阻应符合重复接地电阻值的规定。

（八）接地阻值要求

《建筑与市政工程施工现场临时用电安全技术标准》（JGJ/T 46—2024）

3.5.1　单台容量超过 100kVA 或使用同一接地装置并联运行，且总容量超过 100kVA 的电力变压器或发电机的工作接地电阻值不得大于 4Ω。单台容量不超过 100kVA 或使用同一接地装置并联运行，且总容量不超过 100kVA 的电力变压器或发电机的工作接地电阻值不得大于 10Ω。在土壤电阻率大于 1000Ω·m 的地区，当达到上述接地电阻值有困难时，工作接地电阻值可提高到 30Ω。

3.5.2　TN 系统中的保护导体（PE）除必须在配电室或总配电箱处做重复接地外，还必须在配电系统的中间处和末端处做重复接地。在 TN 系统中，保护导体（PE）每一处重复接地装置的接地电阻值不应大于 10Ω。在工作接地电阻值允许达到 10Ω 的电力系统中，所有重复接地的等效电阻值不应大于 10Ω。

3.5.3　在 TN 系统中，严禁将中性导体（N）单独再做重复接地。

3.5.4　每一组接地装置的接地线应采用 2 根及以上导体，在不同点与接地极做电气连接。不得采用铝导体做接地体或地下接地线。垂直接地极宜采用角钢、钢管或光面圆钢，不得采用螺纹钢。接地可利用自然接地极，并应保证其电气连接和热稳定性。

3.5.5　移动式发电机供电的用电设备，其金属外壳或底座应与发电机电源的接地装置有可靠的电气连接。

3.5.6　移动式发电机系统接地应符合电力变压器系统接地的要求。下列情况可不另与保护导体（PE）做电气连接：

1 移动式发电机和用电设备固定在同一金属支架上，且不供给其他设备用电时；

2 不超过 2 台的用电设备由专用的移动式发电机供电，供、用电设备间距不超过 50m，且供、用电设备的金属外壳之间有可靠的电气连接时。

（九）配电柜、配电箱的电器设置要求

《建筑与市政工程施工现场临时用电安全技术标准》（JGJ/T 46—2024）

3.1.1　施工现场临时用电工程专用的电源中性点直接接地的 220V/380V 三相四线制低压电力系统，应符合下列规定：

1 采用三级配电系统；

4.1.1　总配电箱可下设若干台分配电箱；分配电箱可下设若干台开关箱。总配电箱应设在靠近电源的区域，分配电箱应设在用电设备或负荷相对集中的区域，分配电箱与开关箱的距离不应超过 30m，开关箱与其控制的固定式用电设备的水平距离不宜超过 3m。

4.1.2　每台用电设备应有各自专用的开关箱，不得用同一个开关箱直接控制 2 台及以上用电设备（含插座）。

4.1.3 动力配电箱与照明配电箱宜分别设置。当合并设置为同一配电箱时，动力和照明应分路配电；动力开关箱与照明开关箱必须分设。

4.1.4 配电箱、开关箱应装设在干燥、通风及常温场所，不得装设在有严重损伤作用的瓦斯、烟气、潮气及其他有害介质中，亦不得装设在易受外来固体物撞击、强烈振动、液体浸溅及热源烘烤场所。

4.1.5 配电箱、开关箱周围应有足够2人同时工作的空间和通道，不得堆放任何妨碍操作和维修的物品，不得有灌木和杂草。

4.1.6 配电箱、开关箱应采用冷轧钢板或阻燃绝缘材料制作，钢板厚度应为1.2mm～2.0mm，其中开关箱箱体钢板厚度不得小于1.2mm，配电箱箱体钢板厚度不得小于1.5mm，箱体表面应做防腐处理。

4.1.7 配电箱、开关箱应装设端正、牢固。固定式配电箱、开关箱的中心点与地面的垂直距离应为1.4m～1.6m。移动式配电箱、开关箱应装设在坚固、水平的支架上，其中心点与地面的垂直距离宜为0.8m～1.6m。

4.1.8 配电箱、开关箱内的电器（含插座）应先安装在金属或非木质阻燃绝缘电器安装板上，再整体紧固在配电箱、开关箱箱体内。金属电器安装板应与保护接地导体（PE）做电气连接。

4.1.9 配电箱、开关箱内的电器（含插座）应按其规定位置固定在电器安装板上，且不得歪斜和松动。

4.1.10 配电箱的电器安装板上必须分设N端子板和PE端子板。N端子板必须与金属电器安装板绝缘；PE端子板必须与金属电器安装板做电气连接。进出线中的中性导体（N）必须通过N端子板连接；保护接地导体（PE）必须通过PE端子板连接。

4.1.11 配电箱、开关箱内的连接线必须采用铜芯绝缘导线。导线绝缘层的颜色标识应按本标准第3.2.11条的规定配置并排列整齐；线束应有外套绝缘管，导线与电器端子连接牢固，不得有外露带电部分。

4.1.12 配电箱、开关箱的金属箱体、金属电器安装板以及电器正常不带电的金属底座、外壳等应通过PE端子板与保护接地导体（PE）做电气连接，金属箱门与金属箱体应采用黄/绿组合颜色绝缘软导线做电气连接。

4.1.13 配电箱、开关箱的箱体尺寸应与箱内电器的数量和尺寸相适应，箱内电器安装板板面电器安装尺寸可按表4.1.13确定。

配电箱、开关箱内电器安装板板面电器安装尺寸　　　　表4.1.13

间距名称	最小净距（mm）
并列电器（含单极熔断器）间	30
电器进出线瓷管（塑胶管）孔至电器边缘	15A，30 20A～30A，50 60A及以上，80
上下排电器进出线瓷管（塑胶管）孔间	25
电器进出线瓷管（塑胶管）孔至板边	40
电器至板边	40

4.1.14　配电箱、开关箱的导线进出线口应设在箱体的下底面。

4.1.15　配电箱、开关箱的进出线口应配置固定线卡，进出线应加绝缘护套并成束卡固在支架上，不得与箱体直接接触。移动式配电箱、开关箱的进出线应采用橡皮护套绝缘电缆，不得有接头。

4.1.16　配电箱、开关箱外形结构应具有防雨、防尘措施；单独为配电箱、开关箱装设防雨棚（盖）时，防雨棚（盖）宜采用绝缘材料制作。

4.2.1　总配电箱内的电器装置应具备电源隔离、正常接通与分断电路，以及短路、过负荷、剩余电流保护功能。电器设置应符合下列规定：

1　当总路设置总剩余电流动作保护器时，还应装设总隔离开关、分路隔离开关，以及总断路器、分路断路器或总熔断器、分路熔断器；

2　当各分路设置分路剩余电流动作保护器时，还应装设总隔离开关、分路隔离开关，以及总断路器、分路断路器或总熔断器、分路熔断器；

3　隔离开关应设置于电源进线端，应采用分断时具有可见分断点，并能同时断开电源所有极的隔离电器；当采用分断时具有可见分断点的断路器时，可不另设隔离开关；

4　熔断器应选用具有可靠灭弧分断功能的产品；

5　总开关电器的额定值、动作整定值应与分路开关电器的额定值、动作整定值相匹配。

4.2.2　总配电箱应装设电压表、总电流表、电度表及其他需要的仪表。专用电能计量仪表的装设应符合当地供用电管理部门的规定。装设电流互感器时，其二次侧回路必须与保护接地导体（PE）有一个连接点，且不得断开电路。

4.2.3　分配电箱应装设总隔离开关、分路隔离开关，以及总断路器、分路断路器或总熔断器、分路熔断器。其设置和选择应符合本标准第4.2.1条的规定。

4.2.4　开关箱必须装设隔离开关、断路器或熔断器，以及剩余电流动作保护器。隔离开关应采用分断时具有可见分断点，并能同时断开电源所有极的隔离电器，并应设置于电源进线端。

4.2.5　开关箱中的隔离开关只可直接控制照明电路和容量不大于3.0kW的动力电路，但不应频繁操作。容量大于3.0kW的动力电路应采用断路器控制，操作频繁时还应附设接触器或其他启动控制装置。

4.2.6　开关箱中各种开关电器的额定值和动作整定值应与其控制用电设备的额定值和特性相匹配。

4.2.7　配电箱、开关箱电源进线端不得采用插头和插座做活动连接。

4.2.8　配电箱、开关箱内的电器应可靠、完好，不得使用破损、不合格的电器。

（十）配电柜及配电线路的使用要求

1.《建筑与市政施工现场安全卫生与职业健康通用规范》（GB 55034—2022）

3.10.5　电气设备和线路检修应符合下列规定：

1 电气设备检修、线路维修时，严禁带电作业。应切断并隔离相关配电回路及设备的电源，并应检验、确认电源被切除，对应配电间的门、配电箱或切断电源的开关上锁，及应在锁具或其箱门、墙壁等醒目位置设置警示标识牌。

2 电气设备发生故障时，应采用验电器检验，确认断电后方可检修，并在控制开关明显部位悬挂"禁止合闸、有人工作"停电标识牌。停送电必须由专人负责。

3 线路和设备作业严禁预约停送电。

2.《建筑与市政工程施工现场临时用电安全技术标准》（JGJ/T 46—2024）

4.3.1　配电箱、开关箱应有名称、用途、分路标识及系统接线图。

4.3.2　配电箱箱门应配锁，并应设置专人负责管理。

4.3.3　配电箱、开关箱应定期检查、维修。检查、维修人员应是专业电工；检查、维修时应按规定穿戴绝缘鞋、绝缘手套，使用电工绝缘工具，并应做检查、维修工作记录。

4.3.4　对配电箱、开关箱进行定期维修、检查时，应将其前一级相应的电源隔离开关分闸断电，设置专人监护，并悬挂"禁止合闸、有人工作"的停电标识牌，不得带电作业。

4.3.5　除出现电气故障的紧急情况外，配电箱、开关箱的操作顺序应符合下列规定：

1 送电操作顺序应为：总配电箱→分配电箱→开关箱；

2 停电操作顺序应为：开关箱→分配电箱→总配电箱。

4.3.6　施工现场停止作业 1h 以上时，应将动力开关箱断电上锁。

4.3.7　开关箱的操作人员应符合本标准第 10.2 节的规定。

4.3.8　配电箱、开关箱内不得放置杂物，并应保持箱体内外整洁。

4.3.9　配电箱、开关箱内不得随意拉接其他用电设备。

4.3.10　配电箱、开关箱内的电器配置和接线不得随意改动。熔断器熔体更换时，不得采用不符合原规格的熔体代替。剩余电流动作保护器每天使用前应启动剩余电流试验按钮试跳一次，试跳不正常时不得继续使用。

4.3.11　配电箱、开关箱的电器进出线端子不得承受外力，不得与金属尖锐断口、强腐蚀介质和易燃易爆物接触。

（十一）发电机的设置要求

1.《建筑与市政施工现场安全卫生与职业健康通用规范》（GB 55034—2022）

3.10.2　施工用电的发电机组电源应与其他电源互相闭锁，严禁并列运行。

2.《建筑与市政工程施工现场临时用电安全技术标准》（JGJ/T 46—2024）

5.2.1　发电机组及其控制、配电、修理室等可分开设置；在保证电气安全距离和满足防火要求情况下可合并设置。

5.2.2　发电机组的排烟管道必须伸出室外。发电机组及其控制、配电室内必须配置可用于扑灭电气火灾的灭火器，严禁存放贮油桶。

5.2.3　发电机组电源不得与市电线路电源并列运行。

5.2.4　发电机组应采用电源中性点直接接地的三相四线制供电系统和独立设置TN-S系统，其工作接地电阻应符合本标准相关规定。

5.2.5　发电机的控制屏宜装设下列仪表：1 交流电压表；2 交流电流表；3 有功功率表；4 电度表；5 功率因数表；6 频率表；7 直流电流表。

5.2.6　发电机供电系统应设置电源隔离开关及短路、过负荷、剩余电流动作保护电器。

5.2.7　当多台发电机组并列运行时，应装设同期装置，并在机组同步运行后再向负载供电。

（十二）电缆的设置和敷设要求

1.《建筑与市政施工现场安全卫生与职业健康通用规范》（GB 55034—2022）

3.10.3　施工现场配电线路应符合下列规定：

1 线缆敷设应采取有效保护措施，防止对线路的导体造成机械损伤和介质腐蚀。

2 电缆中应包含全部工作芯线、中性导体（N）及保护接地导体（PE）或保护中性导体（PEN）；保护接地导体（PE）及保护中性导体（PEN）外绝缘层应为黄绿双色；中性导体（N）外绝缘层应为淡蓝色；不同功能导体外绝缘色不应混用。

2.《建筑与市政工程施工现场临时用电安全技术标准》（JGJ/T 46—2024）

6.2.1　施工现场临时用电宜采用电缆线路。电缆线路应符合下列规定：

1 电缆芯线应包含全部工作导体和保护接地导体（PE）；

2 TN-S系统采用三相四线供电时应选择五芯电缆，采用单相供电时应选择三芯电缆；

3 中性导体（N）绝缘层应是淡蓝色，保护接地导体（PE）绝缘层应是黄/绿组合颜色，不得混用。

6.2.3　电缆线路应采用埋地或架空敷设，并应避免机械损伤和介质腐蚀。埋地电缆路径应设置标识桩。

6.2.4　电缆类型应根据敷设方式、环境条件等因素选择。埋地敷设宜选用铠装电缆，架空敷设宜选用无铠装电缆。当选用无铠装电缆时，应采取防水、防腐措施。

6.2.5　电缆直接埋地敷设的深度不应小于0.7m，且应在电缆周围均匀铺垫不小于50mm厚的细砂，然后覆盖砖或混凝土板等硬质保护层。

6.2.6　埋地电缆在穿越建筑物、构筑物、道路、易受机械损伤、介质腐蚀场所及引出地面从2.0m高到地下0.2m处，应加设防护套管。防护套管内径不应小于电缆外径的1.5倍。

6.2.7　埋地电缆与其附近外电电缆和管沟的平行间距不应小于2m，交叉间距不应小于 1m。地下管网较多、有较频繁开挖的地段等区域不宜埋设电缆。

6.2.8 埋地电缆的接头应设置在专用接线盒内，接线盒应具有防水、防尘、防机械损伤等特性，并应远离易燃、易爆、易腐蚀场所。

6.2.9 架空电缆应沿电杆、支架或墙壁敷设，并采用绝缘子固定，绑扎线应采用绝缘线，固定点间距应保证电缆能承受自重荷载，敷设高度应符合本标准第 6.1 节架空线路敷设高度的规定，但沿墙壁敷设时最大弧垂距地面不应低于 2.0m。

6.2.10 在施工程的电缆线路架设应符合下列规定：

1 应采用电缆埋地敷设，严禁穿越脚手架引入；

2 电缆垂直敷设应充分利用在施工程的竖井、垂直孔洞等，并宜靠近用电负荷中心，固定点每楼层不应少于 1 处；

3 电缆水平敷设宜沿墙壁或门洞上方刚性固定，最大弧垂距地面不应低于 2.0m；

4 装饰装修工程电源线可沿墙壁、地面敷设，但应采取预防机械损伤和电气火灾的措施；

5 装饰装修工程施工阶段或其他特殊施工阶段，应补充编制专项施工临时用电工程方案。

6.3.1 室内配线应采用绝缘电线或电缆。

6.3.2 室内配线应符合下列规定：

1 室内配线可沿瓷瓶、塑料槽盒、钢索等明敷设，或穿保护导管暗敷设；

2 潮湿环境或沿地面配线时，应穿保护导管敷设，管口和管接头应粘接牢固；

3 当采用金属保护导管敷设时，金属保护导管应做等电位连接，且应与保护接地导体（PE）相连接。

6.3.3 室内明敷设主干线距地面高度不应低于 2.5m。

6.3.4 架空进户线的室外端应采用绝缘子固定，过墙处应穿套管保护，距地面高度不应低于 2.5m，并应采取防雨措施。

6.3.5 室内配线所用导线或电缆的截面应根据用电设备或线路的计算负荷和计算机械强度确定，但铜导线截面不应小于 $2.5mm^2$，铝导线截面不应小于 $10mm^2$。

（十三）照明变压器的设置要求

《建筑与市政工程施工现场临时用电安全技术标准》（JGJ/T 46—2024）

9.2.5 照明变压器必须使用双绕组型安全隔离变压器。

9.2.7 携带式变压器的一次侧电源线应采用橡皮护套或塑料护套铜芯软电缆，中间不得有接头，长度不宜超过 3m，其中绿/黄双色线只可作保护导体（PE）使用，电源插头应有保护触头。

（十四）配电室及自备电源配置要求

《建筑与市政工程施工现场临时用电安全技术标准》（JGJ/T 46—2024）

5.1.1 配电室应靠近电源侧，宜靠近负荷中心，并应设在灰尘少、潮气少、振动小、无腐蚀介质、无易燃易爆物及道路畅通的地方。

5.1.2 成列的配电柜和控制柜两端应与保护接地导体（PE）做电气连接。配电室内配电柜的操作通道应铺设橡胶绝缘垫。

5.1.3 配电室和控制室应设置通风设施或空调设施，并应采取防止雨雪侵入和小动物进入的措施。

5.1.4 配电室布置应符合下列规定：

1 配电柜正面的操作通道宽度，单列布置或双列背对背布置不应小于1.5m，双列面对面布置不应小于2m；

2 配电柜后面的维护通道宽度，单列布置或双列面对面布置不应小于0.8m，双列背对背布置不应小于1.5m；个别建筑结构梁柱凸出的位置，通道宽度可减少0.2m；

3 配电柜侧面的维护通道宽度不小于1m；

4 配电室的顶棚与地面的距离不低于3m；

5 配电室内设置值班或检修室时，该室边缘距配电柜的水平距离大于1m，并采取屏障隔离；

6 配电室内的裸母线与地面垂直距离小于2.5m时，采用遮栏隔离，遮栏下面通道的高度不小于2.2m；

7 配电室围栏上端与其正上方带电部分的净距不小于0.075m；

8 配电装置的上端距顶棚不小于0.5m；

9 配电室内的母线涂刷有色油漆，以标识相序；以柜正面方向为基准，其涂色符合表5.1.4的规定；

裸母线涂色　　　　　　　　　　　　　　　　　表 5.1.4

相别	颜色	垂直排列	水平排列	引下排列
L₁（A）	黄	上	后	左
L₂（B）	绿	中	中	中
L₃（C）	红	下	前	右
N	淡蓝	—	—	—

10 配电室的建筑物和构筑物的耐火等级不低于3级，室内配置砂箱和可用于扑灭电气火灾的灭火器；

11 配电室的门向外开，并配锁；

12 配电室的照明分别设置正常照明和应急照明。

5.1.5 配电柜应装设电度表、电流表、电压表。电流表与计费电度表不得共用一组电流互感器。

5.1.6 配电柜应装设电源隔离开关及短路、过负荷、剩余电流动作保护电器。电源隔离开关分断时应有明显可见分断点。剩余电流动作保护器可装设于总配电柜或各分配电柜。配电柜的电器配置与接线应符合总配电箱电器配置与接线的规定。

5.1.7 多台配电柜应编号，并应有用途标识。

5.1.8 配电柜或配电线路停电维修时，应挂接地线，并应悬挂"禁止合闸、有人工作"停电标识牌。停送电应设置专人监护。

5.1.9 配电室应保持整洁，不得堆放妨碍操作、维修的杂物。

（十五）电动建筑机械和手持式电动工具管理要求

《建筑与市政工程施工现场临时用电安全技术标准》（JGJ/T 46—2024）

7.1.1 施工现场电动建筑机械和手持式电动工具的选购、使用、检查和维修应符合下列规定：

1 选购的电动建筑机械、手持式电动工具及其用电安全装置应符合国家现行有关标准的规定，并具有产品合格证、检测报告和使用说明书，且应与使用环境相适应；

2 应建立和执行专人专机负责制，并定期检查和维修保养；

3 保护接地应符合本标准第 3.2.1 条和第 3.2.12 条的规定；运行时产生振动的设备金属基座和外壳，应与保护接地导体（PE）做可靠连接；

4 剩余电流保护应符合本标准第 3.3.1～第 3.3.5 条、第 4.2.4 条的规定；

5 应按使用说明书使用、检查和维修。

7.1.2 塔式起重机、施工升降机、滑升模板的金属操作平台及需要设置防雷装置的物料提升机，除应连接保护接地导体（PE）外，还应与各自的接地装置相连接。塔身标准节、导轨架标准节、滑模提升架等金属结构之间应保证电气通路。

7.1.3 手持式电动工具中的塑料外壳 II 类工具和一般场所手持式电动工具中的 III 类工具可不连接保护导体（PE）。

7.1.4 电动建筑机械和手持式电动工具的电缆线路应符合下列规定：

1 电缆芯线应符合本标准第 6.2.1 条第 1 款规定；

2 橡皮护套铜芯软电缆应无接头，并应满足用电设备的使用要求，其性能应符合现行国家标准《额定电压 450/750V 及以下橡皮绝缘电缆第 1 部分：一般要求》GB/T 5013.1 和《额定电压 450/750V 及以下橡皮绝缘电缆第 4 部分：软线和 软电缆》GB/T 5013.4 的规定；

3 电缆芯线数应根据负荷及其控制电器的相数和线数确定；

4 三相四线时，应选用五芯电缆；

5 三相三线时，应选用四芯电缆；

6 单相二线时，应选用三芯电缆；

7 当三相用电设备中配置有单相用电器具时，应选用五芯电缆。

7.1.5 电动建筑机械或手持式电动工具的开关箱应符合本标准第4.2.4条和第4.2.5条的规定。开关箱内正、反向运转控制装置中的控制电器应采用接触器、继电器等自动控制电器，不得采用手动双向转换开关作为控制电器。

7.2.1 塔式起重机的电气设备应符合现行国家标准《塔式起重机安全规程》GB 5144中的规定。

7.2.2 塔式起重机应按本标准第3.4.7条规定做重复接地和防雷接地。轨道式塔式起重机接地装置的设置应符合下列规定：

1 轨道两端各设一组接地装置；

2 轨道的接头处作电气连接，两条轨道端部作环形电气连接；

3 较长轨道每隔不大于20m加一组接地装置。

7.2.3 塔式起重机与外电线路的安全距离应符合本标准第8.1.4条的规定。

7.2.4 塔式起重机垂直方向的电缆应设置固定点，防止电缆结构变形受损，其间距不宜大于10m；水平方向的电缆不得拖地行走，防止电缆绝缘层受损。

7.2.5 需要夜间工作的塔式起重机，应设置正对工作面的投光灯。

7.2.6 塔身高于30m的塔式起重机，应在塔顶和臂架端部设红色信号灯。

7.2.7 在强电磁波源附近工作的塔式起重机，操作人应戴绝缘手套和穿绝缘鞋，并应在吊钩与机体间采取绝缘隔离措施，或在吊钩吊装地面物体时，在吊钩上挂接临时接地装置。

7.2.8 外用电梯梯笼内、外均应安装紧急停止开关。

7.2.9 外用电梯和物料提升机的上、下极限位置应设置限位开关。

7.2.10 外用电梯和物料提升机在每日工作前必须对行程开关、限位开关、紧急停止开关、驱动机构和制动器等进行空载检查，正常后方可使用。检查时必须有防坠落措施。

7.3.1 潜水式钻孔机电机的密封性能应符合现行国家标准《外壳防护等级（IP代码）》GB/T 4208中的IP68级的规定。

7.3.2 潜水电机的负荷线应采用防水橡皮护套铜芯软电缆，长度不应小于1.5m，且不得承受外力。

7.3.3 桩工机械开关箱中的剩余电流动作保护器应符合本标准第3.3节的要求，且保护导体（PE）连接可靠，电缆线不得随意拖地。

7.4.1 夯土机械开关箱中的剩余电流动作保护器必须符合本标准对潮湿场所选用剩余电流动作保护器的要求。

7.4.2 夯土机械保护导体（PE）的连接点不得少于2处。

7.4.3 夯土机械的负荷线应采用耐气候型橡皮护套铜芯软电缆。

7.4.4 使用夯土机械必须按规定穿戴绝缘用品，使用过程有专人调整电缆，电缆长度不应大于50m。电缆严禁缠绕、扭结和被夯土机械跨越。

7.4.5 多台夯土机械并列工作时，其间距不得小于5m；前后工作时，其间距不得小于 10m。

7.4.6 夯土机械的操作扶手必须绝缘。

7.5.1 电焊机械应放置在防雨、干燥和通风良好的地方。焊接现场不得有易燃、易爆物品。

7.5.2 交流弧焊机变压器的一次侧电源线长度不应大于 5m，其电源进线处必须设置防护罩。发电机式直流电焊机的换向器应经常检查和维护，应消除可能产生的异常电火花。

7.5.3 电焊机械开关箱中的剩余电流动作保护器应符合本标准相关规定。交流电焊机械应配装防二次侧触电保护器。

7.5.4 电焊机械的二次线应采用防水橡皮护套铜芯软电缆，电缆长度不应大于 30m，不得采用金属构件或结构钢筋代替二次线的接地。

7.5.5 使用电焊机械焊接时必须穿戴防护用品。严禁露天冒雨从事电焊作业。

7.6.1 在一般场所使用手持式电动工具，应符合下列规定：

1 宜选用Ⅱ类手持式电动工具；当选用Ⅰ类手持式电动工具时，其金属外壳应与保护接地导体（PE）做电气连接，连接点应牢固可靠；

2 除塑料外壳Ⅱ类工具外，开关箱内剩余电流动作保护器的额定剩余动作电流不应大于 15mA，额定剩余电流动作时间不应大于 0.1s，其负荷线插头应为专用保护触头；

3 手持式电动工具的电源线插头与开关箱内的插座应在结构上保持一致，避免导电触头和保护触头混用。

7.6.2 在潮湿场所或金属构架上使用手持式电动工具，应符合下列规定：

1 应选用Ⅱ类或由安全隔离变压器供电的Ⅲ类手持式电动工具；

2 开关箱和照明变压器箱应设置在作业场所外干燥区域。

7.6.3 在受限空间使用手持式电动工具，应符合下列规定：

1 应选用由安全隔离变压器供电的Ⅲ类手持式电动工具，其开关箱和安全隔离变压器均应设置在受限空间之外便于操作的地方，且与保护接地导体（PE）的连接应符合本标准第 3.2.5 条的规定；

2 剩余电流动作保护器的选择应符合本标准第 3.3.4 条的规定；

3 操作过程中，应设置专人在受限空间外监护。

7.6.4 手持式电动工具的负荷线应采用耐气候型的橡皮护套铜芯软电缆，并不得有接头。

7.6.5 手持式电动工具的标识、外壳、手柄、插头、开关、负荷线等应完好无损，使用前对工具外观检查合格后进行空载检查，空载运转正常后方可使用。应定期对工具绝缘电阻进行测量，绝缘电阻不应小于表 7.6.5 规定的数值。

7.6.6 使用手持式电动工具时，作业人员应穿戴安全防护用品。

7.7.1 混凝土搅拌机、插入式振动器、平板振动器、地面抹光机、水磨石机、钢筋加工机械、木工机械和水泵等设备的剩余电流保护应符合本标准第 3.3.2 条的规定。

手持式电动工具绝缘电阻限值		表 7.6.5
被试绝缘		绝缘电阻（MΩ）
带电部分与壳体之间	基本绝缘	2
	加强绝缘	7
带电部分与Ⅱ类工具中仅用基本绝缘与带电部分隔离的金属零件之间		2
Ⅱ类工具中仅用基本绝缘与带电部分隔离的金属零件与壳体之间		5

注：绝缘电阻用500V兆欧表或绝缘电阻测试仪测量。

7.7.2 混凝土搅拌机、插入式振动器、平板振动器、地面抹光机、水磨石机、钢筋加工机械和木工机械的供电线路应采用耐候型橡皮护套铜芯软电缆，并不得有任何破损和接头。水泵的供电线路应采用防水橡皮护套铜芯软电缆，不得有任何破损和接头，且不得承受任何外力。

7.7.3 对混凝土搅拌机、钢筋加工机械、木工机械等设备进行清理、检查、维修时，应先将其开关箱内电器分别断电，呈现可见电源分断点，再关闭箱门上锁。

（十六）照明配置管理要求

《建筑与市政工程施工现场临时用电安全技术标准》(JGJ/T 46—2024)

9.1.1 在坑、洞、井内作业、夜间施工或厂房、道路仓库、办公室、食堂、宿舍、料具堆放场及自然采光差等场所应设一般照明、局部照明或混合照明。在一个工作场所内，不得只设局部照明。停电后，操作人员需及时撤离施工现场，必须装设自备电源的应急照明。

9.1.2 现场照明应采用高光效、长寿命的照明光源。对需大面积照明的场所，宜采用安全节能光源。

9.1.3 照明器的选择应按下列环境条件确定：

1 潮湿场所应选用密闭型防水照明器；

2 含有大量尘埃但无爆炸和火灾危险的场所，应选用防尘型照明器；

3 有爆炸和火灾危险的场所，应按危险场所等级选用防爆型照明器；

4 存在较强振动的场所，应选用防振型照明器；

5 有酸碱等强腐蚀介质场所，应选用耐酸碱型照明器。

9.1.4 照明器具和器材的质量应符合国家现行有关强制性标准的规定，不得使用绝缘老化或破损的器具和器材。

9.1.5 无自然采光的地下大空间施工场所，应编制单项照明用电方案

9.2.1 一般场所宜选用额定电压为 220V 的照明器。

9.2.3 使用行灯应符合下列规定：

1 电源电压不应大于 36V；

2 灯体应与手柄坚固、绝缘良好并耐热耐潮湿；

3 灯头应与灯体结合牢固，灯头无开关；

4 灯泡外部应有金属保护网；

5 金属网、反光罩、悬吊挂钩应固定在灯具的绝缘部位上。

9.2.4 远离电源的小面积工作场地、道路照明、警卫照明或额定电压为 12V ~ 36V 照明的场所，其电压允许偏移值为额定电压值的 –10% ~ +5%；其余场所电压允许偏移值为额定电压值的 ±5%。

9.2.6 照明系统宜使三相负荷平衡，其中每一单相回路上，灯具和插座数量不宜超过 25 个，工作电流不宜超过 16A。

9.2.8 中性导体截面应按下列规定选择：

1 单相供电时，中性导体截面应与相导体截面相同；

2 三相四线制线路中，当照明器为节能型光源时，中性导体截面不小于相导体截面的 50%；当照明器为气体放电灯时，中性导体截面按最大负载相的电流选择；

3 在逐相切断的三相照明电路中，中性导体截面与最大负载相相导体截面相同。

9.2.9 室内、室外照明线路的敷设应符合本标准第 7 章的规定。

9.3.1 照明灯具的金属外壳应与保护导体（PE）电气连接，照明开关箱内应装设隔离开关、短路与过载保护电器和剩余电流动作保护器。

9.3.2 室外 220V 灯具距地面不应低于 3m，室内 220V 灯具距地面不应低于 2.5m。普通灯具与易燃物距离不宜小于 300mm；对于自身发热较高灯具与易燃物距离不宜小于 500mm，且不得直接照射易燃物。达不到规定安全距离时，应采取隔热措施。

9.3.3 路灯的每个灯具应单独装设熔断器保护，灯头线应做防水弯。

9.3.4 荧光灯具应采用管座固定或用吊链悬挂。荧光灯具的镇流器不得安装在易燃的结构物上。

9.3.5 钠、铊、铟等金属卤化物灯具的安装高度宜在 3m 以上，灯线应固定在接线柱上，不得靠近灯具表面。

9.3.6 投光灯的底座应安装牢固，应按需要的光轴方向将枢轴拧紧固定。

9.3.7 螺口灯头及其接线应符合下列规定：

1 灯头的绝缘外壳应完好，无破损；

2 相线应接在与中心触头相连的一端，中性导体应接在与螺纹口相连的一端。

9.3.8 灯具内的接线应牢固，灯具外的接线应做可靠的防水绝缘包扎。

9.3.9 灯具的相线应经开关控制，不得将相线直接引入灯具接线端子。

9.3.10 对夜间影响飞机或车辆通行的在建工程及机械设备，应设置醒目的红色信号灯，其电源应设在施工现场总电源开关的电源侧。

（十七）临时用电安全技术档案相关要求

《建筑与市政工程施工现场临时用电安全技术标准》(JGJ/T 46—2024)

10.4.1　施工现场临时用电工程应建立安全技术档案，并应包括下列内容：

1 临时用电工程组织设计编制、修改、审核和审查的全部资料；

2 施工现场临时用电工程主要设备、材料的产品合格证、相关认证报告、检测报告等；

3 临时用电工程技术交底资料；

4 临时用电工程检查验收表；

5 电气设备的试验、检验凭单和调试记录；

6 接地电阻、绝缘电阻和剩余电流动作保护器的剩余电流动作参数测定记录表；

7 定期检（复）查表；

8 电工安装、巡检、维修、拆除工作记录；

9 施工现场临时用电工程管理制度、分包单位临时用电安全生产协议、电工特种作业操作资格证等。

10.4.2　安全技术资料应由项目经理部电气专业技术负责人建立与管理，每周由项目部经理组织对施工现场临时用电工程的实体安全、内业资料进行检查，在临时用电工程拆除后统一归档管理。

八、高处作业与安全防护

主要规范标准:《房屋市政工程生产安全重大事故隐患判定标准》(2024 版)、《建筑与市政施工现场安全卫生与职业健康通用规范》《安全网》《头部防护 安全帽》《坠落防护 安全带》《建筑施工作业劳动防护用品配备及使用标准》《建筑工程施工现场标志设置技术规程》《建筑施工高处作业安全技术规范》

(一)高处作业规定要求

1.《建筑与市政施工现场安全卫生与职业健康通用规范》(GB 55034—2022)

3.2.1　在坠落高度基准面上方2m及以上进行高空或高处作业时，应设置安全防护设施并采取防滑措施，高处作业人员应正确佩戴安全帽、安全带等劳动防护用品。

3.2.2　高处作业应制定合理的作业顺序。多工种垂直交叉作业存在安全风险时，应在上下层之间设置安全防护设施。严禁无防护措施进行多层垂直作业。

3.2.3　在建工程的预留洞口、通道口、楼梯口、电梯井口等孔洞以及无围护设施或围护设施高度低于1.2m的楼层周边、楼梯侧边、平台或阳台边、屋面周边和沟、坑、槽等边沿应采取安全防护措施，并严禁随意拆除。

3.2.4　严禁在未固定、无防护设施的构件及管道上进行作业或通行。

3.2.5　各类操作平台、载人装置应安全可靠，周边应设置临边防护，并应具有足够的强度、刚度和稳定性，施工作业荷载严禁超过其设计荷载。

3.2.6　遇雷雨、大雪、浓雾或作业场所5级以上大风等恶劣天气时，应停止高处作业。

3.3.1　在高处安装构件、部件、设施时，应采取可靠的临时固定措施或防坠措施。

3.3.2　在高处拆除或拆卸作业时，严禁上下同时进行。拆卸的施工材料、机具、构件、配件等，应运至地面，严禁抛掷。

3.3.3　施工作业平台物料堆放重量不应超过平台的容许承载力，物料堆放高度应满足稳定性要求。

3.3.4　安全通道上方应搭设防护设施，防护设施应具备抗高处坠物穿透的性能。

3.3.5　预应力结构张拉、拆除时，预应力端头应采取防护措施，且轴线方向不应有施工作业人员。无粘结预应力结构拆除时，应先解除预应力，再拆除相应结构。

2.《建筑施工高处作业安全技术规范》(JGJ 80—2016)

3.0.1　建筑施工中凡涉及临边与洞口作业、攀登与悬空作业、操作平台、交叉作业及安全网搭设的，应在施工组织设计或施工方案中制定高处作业安全技术措施。

3.0.2　高处作业施工前，应按类别对安全防护设施进行检查、验收，验收合格后方可进行作业，并应做验收记录。验收可分层或分阶段进行。

3.0.3　高处作业施工前，应对作业人员进行安全技术交底，并应记录。应对初次作业人员进行培训。

3.0.4　应根据要求将各类安全警示标志悬挂于施工现场各相应部位，夜间应设红灯警示。高处作业施工前，应检查高处作业的安全标志、工具、仪表、电气设施和设备，确认其完好后，方可进行施工。

3.0.5 高处作业人员应根据作业的实际情况配备相应的高处作业安全防护用品，并应按规定正确佩戴和使用相应的安全防护用品、用具。

3.0.6 对施工作业现场可能坠落的物料，应及时拆除或采取固定措施。高处作业所用的物料应堆放平稳，不得妨碍通行和装卸。工具应随手放入工具袋；作业中的走道、通道板和登高用具，应随时清理干净；拆卸下的物料及余料和废料应及时清理运走，不得随意放置或向下丢弃。传递物料时不得抛掷。

3.0.7 高处作业应按现行国家标准《建设工程施工现场消防安全技术规范》GB 50720 的规定，采取防火措施。

3.0.8 在雨、霜、雾、雪等天气进行高处作业时，应采取防滑、防冻和防雷措施，并应及时清除作业面上的水、冰、雪、霜。

当遇有 6 级及以上强风、浓雾、沙尘暴等恶劣气候，不得进行露天攀登与悬空高处作业。雨雪天气后，应对高处作业安全设施进行检查，当发现有松动、变形、损坏或脱落等现象时，应立即修理完善，维修合格后方可使用。

3.0.9 对需临时拆除或变动的安全防护设施，应采取可靠措施，作业后应立即恢复。

3.0.10 安全防护设施验收应包括下列主要内容：

1 防护栏杆的设置与搭设；

2 攀登与悬空作业的用具与设施搭设；

3 操作平台及平台防护设施的搭设；

4 防护棚的搭设；

5 安全网的设置；

6 安全防护设施、设备的性能与质量、所用的材料、配件的规格；

7 设施的节点构造，材料配件的规格、材质及其与建筑物的固定、连接状况。

3.0.11 安全防护设施验收资料应包括下列主要内容：

1 施工组织设计中的安全技术措施或施工方案；

2 安全防护用品用具、材料和设备产品合格证明；

3 安全防护设施验收记录；

4 预埋件隐蔽验收记录；

5 安全防护设施变更记录。

3.0.12 应有专人对各类安全防护设施进行检查和维修保养，发现隐患应及时采取整改措施。

3.0.13 安全防护设施宜采用定型化、工具化设施，防护栏应为黑黄或红白相间的条纹标示，盖件应为黄或红色标示。

（二）临边防护的作业规定及设置要求

1.《建筑施工高处作业安全技术规范》(JGJ 80—2016)

4.1.1　坠落高度基准面2m及以上进行临边作业时，应在临空一侧设置防护栏杆，并应采用密目式安全立网或工具式栏板封闭。

4.1.2　施工的楼梯口、楼梯平台和梯段边，应安装防护栏杆；外设楼梯口、楼梯平台和梯段边还应采用密目式安全立网封闭。

4.1.3　建筑物外围边沿处，对没有设置外脚手架的工程，应设置防护栏杆；对有外脚手架的工程，应采用密目式安全立网全封闭。密目式安全立网应设置在脚手架外侧立杆上，并应与脚手杆紧密连接。

4.1.4　施工升降机、龙门架和井架物料提升机等在建筑物间设置的停层平台两侧边，应设置防护栏杆、挡脚板，并应采用密目式安全立网或工具式栏板封闭。

4.1.5　停层平台口应设置高度不低于1.80m的楼层防护门，并应设置防外开装置。井架物料提升机通道中间，应分别设置隔离设施。

2.《施工脚手架通用规范》(GB 55023—2022)

4.4.4 条1 当作业层边缘与结构外表面的距离大于150mm时，应采取防护措施。

脚手架与结构外表面之间贯通未采取水平防护措施判定为重大事故隐患。

（三）洞口防护的作业规定及设置要求

《建筑施工高处作业安全技术规范》(JGJ 80—2016)

4.2.1　洞口作业时，应采取防坠落措施，并应符合下列规定：

1　当竖向洞口短边边长小于500mm时，应采取封堵措施；当垂直洞口短边边长大于或等于500mm时，应在临空一侧设置高度不小于1.2m的防护栏杆，并应采用密目式安全立网或工具式栏板封闭，设置挡脚板；

2　当非竖向洞口短边边长为25mm～500mm时，应采用承载力满足使用要求的盖板覆盖，盖板四周搁置应均衡，且应防止盖板移位；

3　当非竖向洞口短边边长为500mm～1500mm时，应采用盖板覆盖或防护栏杆等措施，并应固定牢固；

4　当非竖向洞口短边边长大于或等于1500mm时，应在洞口作业侧设置高度不小于1.2m的防护栏杆，洞口应采用安全平网封闭。

4.2.2　电梯井口应设置防护门，其高度不应小于1.5m，防护门底端距地面高度不应大于50mm，并应设置挡脚板。

4.2.3　在电梯施工前，电梯井道内应每隔2层且不大于10m加设一道安全平网。电梯井内的施工层上部，应设置隔离防护设施。

4.2.4　洞口盖板应能承受不小于1kN的集中荷载和不小于$2kN/m^2$的均布荷载，

有特殊要求的盖板应另行设计。

4.2.5　墙面等处落地的竖向洞口、窗台高度低于800mm的竖向洞口及框架结构在浇筑完混凝土未砌筑墙体时的洞口，应按临边防护要求设置防护栏杆。

电梯井道内贯通未采取水平防护措施且电梯井口未设置防护门判定为重大事故隐患。

（四）防护栏杆的规定及设置要求

《建筑施工高处作业安全技术规范》(JGJ 80—2016)

4.3.1　临边作业的防护栏杆应由横杆、立杆及挡脚板组成，防护栏杆应符合下列规定：

1 防护栏杆应为两道横杆，上杆距地面高度应为1.2m，下杆应在上杆和挡脚板中间设置；

2 当防护栏杆高度大于1.2m时，应增设横杆，横杆间距不应大于600mm；

3 防护栏杆立杆间距不应大于2m；

4 挡脚板高度不应小于180mm。

4.3.2　防护栏杆立杆底端应固定牢固，并应符合下列规定：

1 当在土体上固定时，应采用预埋或打入方式固定；

2 当在混凝土楼面、地面、屋面或墙面固定时，应将预埋件与立杆连接牢固；

3 当在砌体上固定时，应预先砌入相应规格含有预埋件的混凝土块，预埋件应与立杆连接牢固。

4.3.3　防护栏杆杆件的规格及连接，应符合下列规定：

1 当采用钢管作为防护栏杆杆件时，横杆及栏杆立杆应采用脚手钢管，并应采用扣件、焊接、定型套管等方式进行连接固定；

2 当采用其他材料作防护栏杆杆件时，应选用与钢管材质强度相当的材料，并应采用螺栓、销轴或焊接等方式进行连接固定。

4.3.4　防护栏杆的立杆和横杆的设置、固定及连接，应确保防护栏杆在上下横杆和立杆任何部位处，均能承受任何方向1kN的外力作用。当栏杆所处位置有发生人群拥挤、物件碰撞等可能时，应加大横杆截面或加密立杆间距。

4.3.5　防护栏杆应张挂密目式安全立网或其他材料封闭。

（五）安全网选用及搭设规定要求

《建筑施工高处作业安全技术规范》(JGJ 80—2016)

7.2.2　安全防护网搭设应符合下列规定：

1 安全防护网搭设时，应每隔3m设一根支撑杆，支撑杆水平夹角不宜小于45°；

2 当在楼层设支撑杆时，应预埋钢筋环或在结构内外侧各设一道横杆；

3 安全防护网应外高里低，网与网之间应拼接严密。

8.1.1 建筑施工安全网的选用应符合下列规定：

1 安全网材质、规格、物理性能、耐火性、阻燃性应满足现行国家标准《安全网》GB 5725 的规定；

2 密目式安全立网的网目密度应为 10cm×10cm 面积上大于或等于 2000 目。

8.1.2 采用平网防护时，严禁使用密目式安全立网代替平网使用。

8.1.3 密目式安全立网使用前，应检查产品分类标记、产品合格证、网目数及网体重量，确认合格方可使用。

8.2 安全网搭设

8.2.1 安全网搭设应绑扎牢固、网间严密。安全网的支撑架应具有足够的强度和稳定性。

8.2.2 密目式安全立网搭设时，每个开眼环扣应穿入系绳，系绳应绑扎在支撑架上，间距不得大于 450mm。相邻密目网间应紧密结合或重叠。

8.2.3 当立网用于龙门架、物料提升架及井架的封闭防护时，四周边绳应与支撑架贴紧，边绳的断裂张力不得小于 3kN，系绳应绑在支撑架上，间距不得大于750mm。

8.2.4 用于电梯井、钢结构和框架结构及构筑物封闭防护的平网，应符合下列规定：

1 平网每个系结点上的边绳应与支撑架靠紧，边绳的断裂张力不得小于 7kN，系绳沿网边应均匀分布，间距不得大于 750mm；

2 电梯井内平网网体与井壁的空隙不得大于 25mm，安全网拉结应牢固。

（六）钢结构、网架安装用支撑结构地基基础的相关要求

1.《钢结构工程施工规范》(GB 50755—2012)

4.2.5 施工阶段的临时支承结构和措施应按施工状况的荷载作用，对构件进行强度、稳定性和刚度验算，对连接节点进行强度和稳定验算。当临时支承结构作为设备承载结构时，应进行专项设计；若临时支承结构或措施对结构产生较大影响时，应提交原设计单位确认。

2.《建筑与市政施工现场安全卫生与职业健康通用规范》(GB 55034—2022)

3.3.1 在高处安装构件、部件、设施时，应采取可靠的临时固定措施或防坠措施。

3.4.6 吊装作业时，对未形成稳定体系的部分，应采取临时固定措施。对临时固定的构件，应在安装固定完成并经检查确认无误。

钢结构、网架安装用支撑结构基础承载力和变形不满足设计要求，钢结构、网架安装用支撑结构超过设计承载力或未按设计要求设置防倾覆装置判定为重大事故隐患。

（七）单榀钢桁架（屋架）安装时防失稳措施的设置要求

1.《钢结构工程施工规范》（GB 50755—2012）

11.4.4 桁架（屋架）安装应在钢柱校正合格后进行，并符合下列规定：

1 钢桁架（屋架）可采用整榀或分段安装；

2 钢桁架（屋架）应在起扳和吊装过程中防止产生变形；

3 在单榀安装钢桁架（屋架）时应采用缆绳或刚性支撑增加侧向临时约束。

2.《建筑与市政施工现场安全卫生与职业健康通用规范》（GB 55034—2022）

3.3.1 在高处安装构件、部件、设施时，应采取可靠的临时固定措施或防坠措施。

3.4.6 吊装作业时，对未形成稳定体系的部分，应采取临时固定措施。对临时固定的构件，应在安装固定完成并经检查确认无误后，方可解除临时固定措施。

单榀钢桁架（屋架）等预制构件安装时未采取防失稳措施判定为重大事故隐患。

（八）悬挑式操作平台的搁置点、拉结点、支撑点的设置要求

《建筑施工高处作业安全技术规范》（JGJ 80—2016）

6.4.1 悬挑式操作平台设置应符合下列规定：

1 操作平台的搁置点、拉结点、支撑点应设置在稳定的主体结构上，且应可靠连接；

2 严禁将操作平台设置在临时设施上；

3 操作平台的结构应稳定可靠，承载力应符合设计要求。

6.4.2 悬挑式操作平台的悬挑长度不宜大于 5m，均布荷载不应大于 5.5kN/m²，集中荷载不应大于 15kN，悬挑梁应锚固固定。

6.4.3 采用斜拉方式的悬挑式操作平台，平台两侧的连接吊环应与前后两道斜拉钢丝绳连接，每一道钢丝绳应能承载该侧所有荷载。

6.4.4 采用支承方式的悬挑式操作平台，应在钢平台下方设置不少于两道斜撑，斜撑的一端应支承在钢平台主结构钢梁下，另一端应支承在建筑物主体结构。

6.4.5 采用悬臂梁式的操作平台，应采用型钢制作悬挑梁或悬挑桁架，不得使用钢管，其节点应采用螺栓或焊接的刚性节点。当平台板上的主梁采用与主体结构预埋件焊接时，预埋件、焊缝均应经设计计算，建筑主体结构应同时满足强度要求。

6.4.6 悬挑式操作平台应设置 4 个吊环，吊运时应使用卡环，不得使吊钩直接钩挂吊环。吊环应按通用吊环或起重吊环设计，并应满足强度要求。

6.4.7 悬挑式操作平台安装时，钢丝绳应采用专用的钢丝绳夹连接，钢丝绳夹数量应与钢丝绳直径相匹配，且不得少于 4 个。建筑物锐角、利口周围系钢丝绳处应加衬软垫物。

6.4.8 悬挑式操作平台的外侧应略高于内侧；外侧应安装防护栏杆并应设置防护

挡板全封闭。

6.4.9 人员不得在悬挑式操作平台吊运、安装时上下。

悬挑式操作平台的搁置点、拉结点、支撑点未设置在稳定的主体结构上，且未做可靠连接判定为重大事故隐患。

（九）高处作业的安全防护和个人防护用品的使用要求

《建筑施工作业劳动防护用品配备及使用标准》（JGJ 184—2009）

2.0.2 从事施工作业人员必须配备符合国家现行有关标准的劳动防护用品，并应按规定正确使用。

2.0.4 进入施工现场人员必须佩戴安全帽。作业人员必须戴安全帽、穿工作鞋和工作服；应按作业要求正确使用劳动防护用品。在 2m 及以上的无可靠安全防护设施的高处、悬崖和陡坡作业时，必须系挂安全带。

2.0.6 从事登高架设作业、起重吊装作业的施工人员应配备防止滑落的劳动防护用品，应为从事自然强光环境下作业的施工人员配备防止强光伤害的劳动防护用品。

2.0.7 从事施工现场临时用电工程作业的施工人员应配备防止触电的劳动防护用品。

2.0.8 从事焊接作业的施工人员应配备防止触电、灼伤、强光伤害的劳动防护用品。

2.0.9 从事锅炉、压力容器、管道安装作业的施工人员应配备防止触电、强光伤害的劳动防护用品。

2.0.10 从事防水、防腐和油漆作业的施工人员应配备防止触电、中毒、灼伤的劳动防护用品。

2.0.11 从事基础施工、主体结构、屋面施工、装饰装修作业人员应配备防止身体、手足、眼部等受到伤害的劳动防护用品。

2.0.12 冬期施工期间或作业环境温度较低的，应为作业人员配备防寒类防护用品。

2.0.13 雨期施工期间应为室外作业人员配备雨衣、雨鞋等个人防护用品。对环境潮湿及水中作业的人员应配备相应的劳动防护用品。

4.0.1 建筑施工企业应选定劳动防护用品的合格分供方，为作业人员配备的劳动防护用品必须符合国家有关标准，应具备生产许可证、产品合格证等相关资料。经本单位安全生产管理部门审查合格后方可使用。

建筑施工企业不得采购和使用无厂家名称、无产品合格证、无安全标志的劳动防护用品。

4.0.2 劳动防护用品的使用年限应按国家现行相关标准执行。劳动防护用品达到使用年限或报废标准的应由建筑施工企业统一收回报废，并应为作业人员配备新的劳动防护用品。劳动防护用品有定期检测要求的应按照其产品的检测周期进行检测。

4.0.3 建筑施工企业应建立健全劳动防护用品购买、验收、保管、发放、使用、更换、报废管理制度。在劳动防护用品使用前，应对其防护功能进行必要的检查。

4.0.4 建筑施工企业应教育从业人员按照劳动防护用品使用规定和防护要求，正确使用劳动防护用品。

4.0.5 建设单位应按国家有关法律和行政法规的规定，支付建筑工程的施工安全措施费用。建筑施工企业应严格执行国家有关法规和标准，使用合格的劳动防护用品。

4.0.6 建筑施工企业应对危险性较大的施工作业场所及具有尘毒危害的作业环境设置安全警示标识及应使用的安全防护用品标识牌。

（十）攀登与悬空作业规定要求

《建筑施工高处作业安全技术规范》（JGJ 80—2016）

5.1.1 登高作业应借助施工通道、梯子及其他攀登设施和用具。

5.1.2 攀登作业设施和用具应牢固可靠；当采用梯子攀爬作用时，踏面荷载不应大于1.1kN；当梯面上有特殊作业时，应按实际情况进行专项设计。

5.1.3 同一梯子上不得两人同时作业。在通道处使用梯子作业时，应有专人监护或设置围栏。脚手架操作层上严禁架设梯子作业。

5.1.4 便携式梯子宜采用金属材料或木材制作，并应符合现行国家标准《便携式金属梯安全要求》GB 12142 和《便携式木梯安全要求》GB 7059 的规定。

5.1.5 使用单梯时梯面应与水平面成75°夹角，踏步不得缺失，梯格间距宜为300mm，不得垫高使用。

5.1.6 折梯张开到工作位置的倾角应符合现行国家标准《便携式金属梯安全要求》GB 12142 和《便携式木梯安全要求》GB 7059 的规定，并应有整体的金属撑杆或可靠的锁定装置。

5.1.7 固定式直梯应采用金属材料制成，并应符合现行国家标准《固定式钢梯及平台安全要求第1部分·钢直梯》GB 4053.1 的规定；梯子净宽，应为400mm～600mm，固定直梯的支撑应采用不小于L70×6的角钢，埋设与焊接应牢固。直梯顶端的踏步应与攀登顶面齐平，并应加设1.1m～1.5m高的扶手。

5.1.8 使用固定式直梯攀登作业时，当攀登高度超过3m时，宜加设护笼；当攀登高度超过8m时，应设置梯间平台。

5.1.9 钢结构安装时，应使用梯子或其他登高设施攀登作业。坠落高度超过2m时，应设置操作平台。

5.1.10 当安装屋架时，应在屋脊处设置扶梯。扶梯踏步间距不应大于400mm。屋架杆件安装时搭设的操作平台，应设置防护栏杆或使用作业人员拴挂安全带的安全绳。

5.1.11 深基坑施工应设置扶梯、入坑踏步及专用载人设备或斜道等设施。采用斜道时，应加设间距不大于400mm的防滑条等防滑措施。作业人员严禁沿坑壁、支撑或乘运土工具上下。

5.2.1 悬空作业的立足处的设置应牢固，并应配置登高和防坠落装置和设施。

5.2.2 构件吊装和管道安装时的悬空作业应符合下列规定：

1 钢结构吊装，构件宜在地面组装，安全设施应一并设置；

2 吊装钢筋混凝土屋架、梁、柱等大型构件前，应在构件上预先设置登高通道、操作立足点等安全设施；

3 在高空安装大模板、吊装第一块预制构件或单独的大中型预制构件时，应站在作业平台上操作；

4 钢结构安装施工宜在施工层搭设水平通道，水平通道两侧应设置防护栏杆；当利用钢梁作为水平通道时，应在钢梁一侧设置连续的安全绳，安全绳宜采用钢丝绳；

5 钢结构、管道等安装施工的安全防护宜采用工具化、定型化设施。

5.2.3 严禁在未固定、无防护设施的构件及管道上进行作业或通行。

5.2.4 当利用吊车梁等构件作为水平通道时，临空面的一侧应设置连续的栏杆等防护措施。当安全绳为钢索时，钢索的一端应采用花篮螺栓收紧；当安全绳为钢丝绳时，钢丝绳的自然下垂度不应大于绳长的1/20，并不应大于100mm。

5.2.5 模板支撑体系搭设和拆卸的悬空作业，应符合下列规定：

1 模板支撑的搭设和拆卸应按规定程序进行，不得在上下同一垂直面上同时装拆模板；

2 在坠落基准面2m及以上高处搭设与拆除柱模板及悬挑结构的模板时，应设置操作平台；

3 在进行高处拆模作业时应配置登高用具或搭设支架。

5.2.6 绑扎钢筋和预应力张拉的悬空作业应符合下列规定：

1 绑扎立柱和墙体钢筋，不得沿钢筋骨架攀登或站在骨架上作业；

2 在坠落基准面2m及以上高处绑扎柱钢筋和进行预应力张拉时，应搭设操作平台。

5.2.7 混凝土浇筑与结构施工的悬空作业应符合下列规定：

1 浇筑高度2m及以上的混凝土结构构件时，应设置脚手架或操作平台；

2 悬挑的混凝土梁和檐、外墙和边柱等结构施工时，应搭设脚手架或操作平台。

5.2.8 屋面作业时应符合下列规定：

1 在坡度大于25°的屋面上作业，当无外脚手架时，应在屋檐边设置不低于1.5m高的防护栏杆，并应采用密目式安全立网全封闭；

2 在轻质型材等屋面上作业，应搭设临时走道板，不得在轻质型材上行走；安装轻质型材板前，应采取在梁下支设安全平网或搭设脚手架等安全防护措施。

5.2.9 外墙作业时应符合下列规定：

1 门窗作业时，应有防坠落措施，操作人员在无安全防护措施时，不得站立在檐子、阳台栏板上作业；

2 高处作业不得使用座板式单人吊具，不得使用自制吊篮。

（十一）操作平台的一般要求

《建筑施工高处作业安全技术规范》（JGJ 80—2016）

6.1.1　操作平台应通过设计计算，并应编制专项方案，架体构造与材质应满足国家现行相关标准的规定。

6.1.2　操作平台的架体结构应采用钢管、型钢及其他等效性能材料组装，并应符合现行国家标准《钢结构设计规范》GB 50017 及国家现行有关脚手架标准的规定。平台面铺设的钢、木或竹胶合板等材质的脚手板，应符合材质和承载力要求，并应平整满铺及可靠固定。

6.1.3　操作平台的临边应设置防护栏杆，单独设置的操作平台应设置供人上下、踏步间距不大于 400mm 的扶梯。

6.1.4　应在操作平台明显位置设置标明允许负载值的限载牌及限定允许的作业人数，物料应及时转运，不得超重、超高堆放。

6.1.5　操作平台使用中应每月不少于 1 次定期检查，应由专人进行日常维护工作，及时消除安全隐患。

（十二）移动式操作平台的设置要求

《建筑施工高处作业安全技术规范》（JGJ 80—2016）

6.2.1　移动式操作平台面积不宜大于 $10m^2$，高度不宜大于 5m，高宽比不应大于 2∶1，施工荷载不应大于 $1.5kN/m^2$。

6.2.2　移动式操作平台的轮子与平台架体连接应牢固，立柱底端离地面不得大于 80mm，行走轮和导向轮应配有制动器或刹车闸等制动措施。

6.2.3　移动式行走轮承载力不应小于 5kN，制动力矩不应小于 2.5N·m，移动式操作平台架体应保持垂直，不得弯曲变形，制动器除在移动情况外，均应保持制动状态。

6.2.4　移动式操作平台移动时，操作平台上不得站人。

6.2.5　移动式升降工作平台应符合现行国家标准《移动式升降工作平台设计计算、安全要求和测试方法》GB 25849 和《移动式升降工作平台安全规则、检查、维护和操作》GB/T 27548 的要求。

（十三）落地式操作平台的设置要求

《建筑施工高处作业安全技术规范》（JGJ 80—2016）

6.3.1　落地式操作平台架体构造应符合下列规定：

1 操作平台高度不应大于 15m，高宽比不应大于 3∶1；

2 施工平台的施工荷载不应大于 2.0kN/m²；当接料平台的施工荷载大于 2.0kN/m² 时，应进行专项设计；

3 操作平台应与建筑物进行刚性连接或加设防倾措施，不得与脚手架连接；

4 用脚手架搭设操作平台时，其立杆间距和步距等结构要求应符合国家现行相关脚手架规范的规定；应在立杆下部设置底座或垫板、纵向与横向扫地杆，并应在外立面设置剪刀撑或斜撑；

5 操作平台应从底层第一步水平杆起逐层设置连墙件，且连墙件间隔不应大于 4m，并应设置水平剪刀撑。连墙件应为可承受拉力和压力的构件，并应与建筑结构可靠连接。

6.3.2 落地式操作平台搭设材料及搭设技术要求、允许偏差应符合国家现行相关脚手架标准的规定。

6.3.3 落地式操作平台应按国家现行相关脚手架标准的规定计算受弯构件强度、连接扣件抗滑承载力、立杆稳定性、连墙杆件强度与稳定性及连接强度、立杆地基承载力等。

6.3.4 落地式操作平台一次搭设高度不应超过相邻连墙件以上两步。

6.3.5 落地式操作平台拆除应由上而下逐层进行，严禁上下同时作业，连墙件应随施工进度逐层拆除。

6.3.6 落地式操作平台检查验收应符合下列规定：

1 操作平台的钢管和扣件应有产品合格证；

2 搭设前应对基础进行检查验收，搭设中应随施工进度按结构层对操作平台进行检查验收；

3 遇 6 级以上大风、雷雨、大雪等恶劣天气及停用超过 1 个月，恢复使用前，应进行检查。

（十四）安全防护棚的设置要求

《建筑施工高处作业安全技术规范》（JGJ 80—2016）

7.2.1 安全防护棚搭设应符合下列规定：

1 当安全防护棚为非机动车辆通行时，棚底至地面高度不应小于 3m；当安全防护棚为机动车辆通行时，棚底至地面高度不应小于 4m。

2 当建筑物高度大于 24m 并采用木质板搭设时，应搭设双层安全防护棚。两层防护的间距不应小于 700mm，安全防护棚的高度不应小于 4m。

3 当安全防护棚的顶棚采用竹笆或木质板搭设时，应采用双层搭设，间距不应小于 700mm；当采用木质板或与其等强度的其他材料搭设时，可采用单层搭设，木板厚度不应小于50mm。防护棚的长度应根据建筑物高度与可能坠落半径确定。

（十五）交叉作业安全管理规定要求

《建筑施工高处作业安全技术规范》(JGJ 80—2016)

7.1.1　交叉作业时，下层作业位置应处于上层作业的坠落半径之外，高空作业坠落半径应按表7.1.1确定。安全防护棚和警戒隔离区范围的设置应视上层作业高度确定，并应大于坠落半径。

坠落半径　　　　　　　　　　　　　　　　　　　　　　　　　　　　　　表 7.1.1

序号	上层作业高度（hb）	坠落半径（m）
1	$2 \leqslant hb \leqslant 5$	3
2	$5 < hb \leqslant 15$	4
3	$15 < hb \leqslant 30$	5
4	$hb > 30$	6

7.1.2　交叉作业时，坠落半径内应设置安全防护棚或安全防护网等安全隔离措施。当尚未设置安全隔离措施时，应设置警戒隔离区，人员严禁进入隔离区。

7.1.3　处于起重机臂架回转范围内的通道，应搭设安全防护棚。

7.1.4　施工现场人员进出的通道口，应搭设安全防护棚。

7.1.5　不得在安全防护棚棚顶堆放物料。

7.1.6　当采用脚手架搭设安全防护棚架构时，应符合国家现行相关脚手架标准的规定。

7.1.7　对不搭设脚手架和设置安全防护棚时的交叉作业，应设置安全防护网，当在多层、高层建筑外立面施工时，应在二层及每隔四层设一道固定的安全防护网，同时设一道随施工高度提升的安全防护网。

（十六）安全标志的使用规定要求

《建筑工程施工现场标志设置技术规程》(JGJ 348—2014)

3.0.1　建筑工程施工现场应设置安全标志和专用标志。

3.0.2　建筑工程施工现场的下列危险部位和场所应设置安全标志：

1 通道口、楼梯口、电梯口和孔洞口；

2 基坑和基槽外围、管沟和水池边沿；

3 高差超过1.5m的临边部位；

4 爆破、起重、拆除和其他各种危险作业场所；

5 爆破物、易燃物、危险气体、危险液体和其他有毒有害危险品存放处；

6 临时用电设施；

7 施工现场其他可能导致人身伤害的危险部位或场所。

3.0.3 应绘制安全标志和专用标志平面布置图，并宜根据施工进度和危险源的变化适时更新。

3.0.4 建筑工程施工现场应在临近危险源的位置设置安全标志。

3.0.5 建筑工程施工现场作业条件及工作环境发生显著变化时，应及时增减和调换标志。

3.0.6 建筑工程施工现场标志应保持清晰、醒目、准确和完好。施工现场标志设置应与实际情况相符。不得遮挡和随意挪动施工现场标志。

3.0.7 标志的设置、维护与管理应明确责任人。

4.1 禁止标志

4.1.1 禁止标志的基本形状应为带斜杠的圆边框，文字辅写框应在其正下方。禁止标志的颜色应为白底、红圈、红斜杠、黑图形符号；文字辅助标志应为红底白字。

4.2 警告标志

4.2.1 警告标志的基本形状应为等边三角形，顶角朝上，文字辅助标志应在其正下方。其颜色应为黄底、黑边、黑图形符号；文字辅助标志应为白底黑字。

4.3 指令标志

4.3.1 指令标志的基本形状应为圆形，文字辅助标志应在其正下方。其颜色应为蓝底、白图形符号；文字辅助标志应为蓝底白字。

4.4 提示标志

4.4.1 提示标志的基本形状应为正方形，文字辅助标志应在其正下方。其颜色应为绿底、白图案、白字；文字辅助标志应为绿底白字。

九、有限空间作业

（一）有限空间作业的作业审批规定

应严格执行有限空间作业审批制度。审批内容应包括但不限于是否制定作业方案、是否配备经过专项安全培训的人员、是否配备满足作业安全需要的设备设施等。

作业现场负责人应在审批单上签字确认，未经审批不得擅自开展有限空间作业。

有限空间作业未履行"作业审批制度"判定为重大事故隐患。

（二）有限空间作业对施工人员进行专项安全教育培训的相关要求

单位应对有限空间作业分管负责人、安全管理人员、作业现场负责人、监护人员、作业人员、应急救援人员进行专项安全培训。参加培训的人员应在培训记录上签字确认，单位应妥善保存培训相关材料。

培训内容主要包括：有限空间作业安全基础知识，有限空间作业安全管理，有限空间作业危险有害因素和安全防范措施，有限空间作业安全操作规程，安全防护设备、个体防护用品及应急救援装备的正确使用，紧急情况下的应急处置措施等。企业分管负责人和安全管理人员应当具备相应的有限空间作业安全生产知识和管理能力。

有限空间作业现场负责人、监护人员、作业人员和应急救援人员应当了解和掌握有限空间作业危险有害因素和安全防范措施，熟悉有限空间作业安全操作规程、设备使用方法、事故应急处置措施及自救和互救知识等。

未经培训合格不得参与有限空间作业。

有限空间作业未对施工人员进行专项安全教育培训判定为重大事故隐患。

（三）有限空间作业原则

《工贸企业有限空间作业安全规定》（应急管理部令第 13 号）

第十四条 有限空间作业应当严格遵守"先通风、再检测、后作业"要求。存在爆炸风险的，应当采取消除或者控制措施，相关电气设施设备、照明灯具、应急救援装备等应当符合防爆安全要求。

有限空间作业未执行"先通风、再检测、后作业"原则判定为重大事故隐患。

（四）有限空间作业时现场监护工作要求

《工贸企业有限空间作业安全规定》（应急管理部令第 13 号）

第五条 工贸企业应当实行有限空间作业监护制，明确专职或者兼职的监护人员，负责监督有限空间作业安全措施的落实。

监护人员应当具备与监督有限空间作业相适应的安全知识和应急处置能力，能够正确使用气体检测、机械通风、呼吸防护、应急救援等用品、装备。

第十五条　监护人员应当全程进行监护，与作业人员保持实时联络，不得离开作业现场或者进入有限空间参与作业。

发现异常情况时，监护人员应当立即组织作业人员撤离现场。发生有限空间作业事故后，应当立即按照现场处置方案进行应急处置，组织科学施救。未做好安全措施盲目施救的，监护人员应当予以制止。

第十七条　负责工贸企业安全生产监督管理的部门应当加强对工贸企业有限空间作业的监督检查，将检查纳入年度监督检查计划。对发现的事故隐患和违法行为，依法作出处理。

负责工贸企业安全生产监督管理的部门应当将存在硫化氢、一氧化碳、二氧化碳等中毒和窒息风险的有限空间作业工贸企业纳入重点检查范围，突出对监护人员配备和履职情况、作业审批、防护用品和应急救援装备配备等事项的检查。

第十八条　负责工贸企业安全生产监督管理的部门及其行政执法人员发现有限空间作业存在重大事故隐患的，应当责令立即或者限期整改；重大事故隐患排除前或者排除过程中无法保证安全的，应当责令暂时停止作业，撤出作业人员；重大事故隐患排除后，经审查同意，方可恢复作业。

有限空间作业时现场无专人负责监护工作，或无专职安全生产管理人员现场监督判定为重大事故隐患。

（五）有限空间作业现场安全防护设备设施配备要求

1.《工贸企业有限空间作业安全规定》（应急管理部令第13号）

第十三条　工贸企业应当根据有限空间危险因素的特点，配备符合国家标准或者行业标准的气体检测报警仪器、机械通风设备、呼吸防护用品、全身式安全带等防护用品，并对相关用品、装备进行经常性维护、保养和定期检测，确保能够正常使用。

2.《有限空间作业安全指导手册》

4.1.5　配置有限空间作业安全防护设备设施：为确保有限空间作业安全，单位应根据有限空间作业环境和作业内容，配备气体检测设备、呼吸防护用品、坠落防护用品、其他个体防护用品和通风设备、照明设备、通讯设备以及应急救援装备等。单位应加强设备设施的管理和维护保养，并指定专人建立设备台账，负责维护、保养和定期检验、检定和校准等工作，确保处于完好状态，发现设备设施影响安全使用时，应及时修复或更换。

有限空间作业现场未配备必要的气体检测、机械通风、呼吸防护及应急救援设施设备判定为重大事故隐患。

（六）有限空间作业主要安全风险辨识

1.《工贸企业有限空间作业安全规定》（中华人民共和国应急管理部令第 13 号）

第六条　工贸企业应当对有限空间进行辨识，建立有限空间管理台账，明确有限空间数量、位置以及危险因素等信息，并及时更新。

第十一条　工贸企业应当在有限空间出入口等醒目位置设置明显的安全警示标志，并在具备条件的场所设置安全风险告知牌。

2.《有限空间作业安全指导手册》

1.1.1　有限空间的定义和特点

有限空间是指封闭或部分封闭、进出口受限但人员可以进入，未被设计为固定工作场所，通风不良，易造成有毒有害、易燃易爆物质积聚或氧含量不足的空间。

2.1　有限空间作业主要安全风险类别

有限空间作业存在的主要安全风险包括中毒、缺氧窒息、燃爆以及淹溺、高处坠落、触电、物体打击、机械伤害、灼烫、坍塌、掩埋、高温高湿等。在某些环境下，上述风险可能共存，并具有隐蔽性和突发性。

2.2.1　气体危害辨识方法

对于中毒、缺氧窒息、气体燃爆风险，主要从有限空间内部存在或产生、作业时产生和外部环境影响 3 个方面进行辨识。

4.1　有限空间作业安全管理措施

2. 辨识有限空间并建立健全管理台账

存在有限空间作业的单位应根据有限空间的定义，辨识本单位存在的有限空间及其安全风险，确定有限空间数量、位置、名称、主要危险有害因素、可能导致的事故及后果、防护要求、作业主体等情况，建立有限空间管理台账并及时更新。

3. 设置安全警示标志或安全告知牌

对辨识出的有限空间作业场所，应在显著位置设置安全警示标志或安全告知牌，以提醒人员增强风险防控意识并采取相应的防护措施。

未辨识施工现场有限空间，且未在显著位置设置警示标志判定为重大事故隐患。

（七）有限空间作业事故应急救援要求

有限空间作业前应配置应急救援装备，并制定专项应急预案及现场处置方案。

有限空间作业事故应急救援装备主要包括便携式气体检测报警仪、大功率机械通风设备、照明工具、通信设备、正压式空气呼吸器或高压送风式长管呼吸器、安全帽、全身式安全带、安全绳、有限空间进出及救援系统等。发生事故后，作业配置的安全防护设备设施符合应急救援装备要求时，可用于应急救援。

根据专项应急预案及现场处置方案，定期组织培训，确保有限空间作业现场负责人、监护人员、作业人员及应急救援人员应急预案内容。有限空间作业安全事故专项应急预案应每年至少组织1次演练，现场处置方案应至少每半年组织1次演练。并进行演练效果评估。

（八）有限空间作业施工专项方案内容要求

有限空间作业前应编制施工专项方案，专项方案的内容应包括：

1. 工程概况；

2. 编制依据；

3. 施工计划；

4. 施工程序及方法；

5. 施工安全保证措施；

6. 施工管理及作业人员配备和分工；

7. 应急处置措施。

（九）有限空间其他安全基础知识及作业现场安全管理要求

1. 有限空间，是指封闭或者部分封闭，未被设计为固定工作场所，人员可以进入作业，易造成有毒有害、易燃易爆物质积聚或者氧含量不足的空间。

2. 为规范有限空间作业安全管理，存在有限空间作业的单位应建立健全有限空间作业安全管理制度和安全操作规程。安全管理制度主要包括安全责任制度、作业审批制度、作业现场安全管理制度、相关从业人员安全教育培训制度、应急管理制度等。

3. 施工现场应当对有限空间进行辨识，建立有限空间管理台账，明确有限空间数量、位置以及危险因素等信息，并及时更新。

4. 施工现场应当在有限空间出入口等醒目位置设置明显的安全警示标志，并在具备条件的场所设置安全风险告知牌。

5. 作业现场负责人应对实施作业的全体人员进行安全交底，告知作业内容、作业过程中可能存在的安全风险、作业安全要求和应急处置措施等。交底后，交底人与被交底人双方应签字确认。

十、建筑拆除工程

主要规范标准：《房屋市政工程生产安全重大事故隐患判定标准》（2024 版）、《建筑与市政施工现场安全卫生与职业健康通用规范》《建筑拆除工程安全技术规范》

（一）装饰装修工程拆除承重结构相关规定要求

1.《中华人民共和国建筑法》第四十九条、《建设工程质量管理条例》第十五条

涉及建筑主体和承重结构变动的装修工程，建设单位应当在施工前委托原设计单位或者具有相应资质条件的设计单位提出设计方案；没有设计方案的，不得施工。

2.《工程结构通用规范》（GB 55001—2021）

2.1.7 严禁下列影响结构使用安全的行为：1 未经技术鉴定或设计许可，擅自改变结构用途和使用环境。

装饰装修工程拆除承重结构未经原设计单位或具有相应资质条件的设计单位进行结构复核判定为重大事故隐患。

（二）拆除施工作业的顺序要求

1.《建筑拆除工程安全技术规范》（JGJ 147—2016）

5.1.1 人工拆除施工应从上至下逐层拆除，并应分段进行，不得垂直交叉作业。当框架结构采用人工拆除施工时，应按楼板、次梁、主梁、结构柱的顺序依次进行。

5.1.3 当人工拆除建筑墙体时，严禁采用底部掏掘或推倒的方法。

5.1.4 当拆除建筑的栏杆、楼梯、楼板等构件时，应与建筑结构整体拆除进度相配合，不得先行拆除。建筑的承重梁柱，应在其所承载的全部构件拆除后，再进行拆除。

5.2.2 当采用机械拆除建筑时，应从上至下逐层拆除，并应分段进行；应先拆除非承重结构，再拆除承重结构。

2.《建筑与市政施工现场安全卫生与职业健康通用规范》（GB 55034—2022）

3.5.14 拆除作业应符合下列规定：

1 拆除作业应从上至下逐层拆除，并应分段进行，不得垂直交叉作业。

2 人工拆除作业时，作业人员应在稳定的结构或专用设备上操作，水平构件上严禁人员聚集或物料集中堆放；拆除建筑墙体时，严禁采用底部掏掘或推倒的方法。

3 拆除建筑时应先拆除非承重结构，再拆除承重结构。

4 上部结构拆除过程中应保证剩余结构的稳定。

拆除施工作业顺序不符合规范和施工方案要求判定为重大事故隐患。

（三）人工拆除施工的相关规定要求

《建筑拆除工程安全技术规范》(JGJ 147—2016)

5.1.5 当拆除梁或悬挑构件时，应采取有效的控制下落措施。

5.1.6 当采用牵引方式拆除结构柱时，应沿结构柱底部剔凿出钢筋，定向牵引后，保留牵引方向同侧的钢筋，切断结构柱其他钢筋后再进行后续作业。

5.1.7 当拆除管道或容器时，必须查清残留物的性质，并应采取相应措施，方可进行拆除施工。

5.1.8 拆除现场使用的小型机具，严禁超负荷或带故障运转。

5.1.9 对人工拆除施工作业面的孔洞，应采取防护措施。

（四）机械拆除施工相关规定要求

《建筑拆除工程安全技术规范》(JGJ 147—2016)

5.2.1 对拆除施工使用的机械设备，应符合施工组织设计要求，严禁超载作业或任意扩大使用范围。供机械设备停放、作业的场地应具有足够的承载力。

5.2.3 当采用机械拆除建筑时，机械设备前端工作装置的作业高度应超过拟拆除物的高度。

5.2.4 对拆除作业中较大尺寸的构件或沉重物料，应采用起重机具及时吊运。

5.2.5 拆除作业的起重机司机，必须执行吊装操作规程。信号指挥人员应按现行国家标准《起重吊运指挥信号》GB 5082 的规定执行。

5.2.6 当拆除作业采用双机同时起吊同一构件时，每台起重机载荷不得超过允许载荷的80%，且应对第一吊次进行试吊作业，施工中两台起重机应同步作业。

5.2.7 当拆除屋架等大型构件时，必须采用吊索具将构件锁定牢固，待起重机吊稳后，方可进行切割作业。吊运过程中，应采用辅助措施使被吊物处于稳定状态。

5.2.8 当拆除桥梁时，应先拆除桥面系及附属结构，再拆除主体。

5.2.9 当机械拆除需人工拆除配合时，人员与机械不得在同一作业面上同时作业。

（五）码头、桥梁、高架、烟囱、水塔或拆除中容易引起有毒有害气（液）体或粉尘扩散、易燃易爆事故发生的特殊建、构筑物的拆除作业管理规定

该拆除工程为超过一定规模的危大工程，在拆除过程中可能产生有毒有害气（液）体或粉尘扩散、易燃易爆事故的发生。因此，在拆除前编制专项施工方案，按照要求进行审批，并经过专家论证通过后方可进行作业，以确保施工安全。

在拆除过程中严格按照危大工程管理要求进行管控。

在施工前，应对生产、使用、储存危险品的拟拆除物先进行残留物的检测和处理，合格后方可进行施工。

在施工过程中，应采取必要的防护措施，如佩戴防护装备、设置警示标志等，以防止事故发生。

在施工过程中，应采取必要的粉尘措施，如易产生粉尘的施工作业面应洒水保持湿润，或在易产生粉尘的部位安装固定喷雾、喷淋装置。

当拆除作业遇有易燃易爆材料时，应采取有效的防火防爆措施。

制定详细的应急预案，以应对可能发生的突发情况。

（六）文物保护建筑、优秀历史建筑或历史文化风貌区影响范围内的拆除工程的管理要求

该拆除工程为超过一定规模的危大工程，文物保护建筑、优秀历史建筑或历史文化风貌区影响范围内的拆除工程管理主要依据《中华人民共和国文物保护法》《中华人民共和国建筑法》《建设工程安全生产管理条例》等法律法规。这些法律法规规定了文物保护的原则和具体操作要求，确保文物保护单位在拆除过程中得到妥善处理，不被破坏。因此，在拆除前编制专项施工方案，按照要求进行审批，并经过专家论证通过后方可进行作业，以确保拆除影响范围内的文物保护建筑、优秀历史建筑或历史文化风貌区不受到影响。

在拆除过程中严格按照危大工程管理要求进行管控。

对拆除工程施工的区域，应设置硬质封闭围挡及安全警示标志，应采取控制扬尘和降低噪声的措施。

当拟拆除物与文物保护建筑、优秀历史建筑或历史文化风貌区的安全距离不能满足要求时，必须采取相应的安全防护措施，不得影响其建筑结构的安全和稳定。

文物保护建筑、优秀历史建筑或历史文化风貌区影响范围内的拆除工程严禁进行爆破作业。

（七）拆除工程基本安全管理相关要求

《建筑拆除工程安全技术规范》（JGJ 147—2016）

3.0.1 拆除工程施工前，应签订施工合同和安全生产管理协议。

3.0.2 拆除工程施工前，应编制施工组织设计、安全专项施工方案和生产安全事故应急预案。

3.0.3 对危险性较大的拆除工程专项施工方案，应按相关规定组织专家论证。

3.0.4 拆除工程施工应按有关规定配备专职安全生产管理人员，对各项安全技术措施进行监督、检查。

3.0.5 拆除工程施工作业前，应对拟拆除物的实际状况、周边环境、防护措施、人员清场、施工机具及人员培训教育情况等进行检查；施工作业中，应根据作业环境变化及时调整安全防护措施，随时检查作业机具状况及物料堆放情况；施工作业后，应对场地的安全状况及环境保护措施进行检查。

3.0.6 拆除工程施工应先切断电源、水源和气源，再拆除设备管线设施及主体结构；主体结构拆除宜先拆除非承重结构及附属设施，再拆除承重结构。

3.0.7 拆除工程施工不得立体交叉作业。

3.0.8 拆除工程施工中，应对拟拆除物的稳定状态进行监测；当发现事故隐患时，必须停止作业。

3.0.9 对局部拆除影响结构安全的，应先加固后再拆除。

3.0.10 拆除地下物，应采取保证基坑边坡及周边建筑物、构筑物的安全与稳定的措施。

3.0.11 拆除工程作业中，发现不明物体应停止施工，并应采取相应的应急措施，保护现场及时向有关部门报告。

3.0.12 对有限空间拆除施工，应先采取通风措施，经检测合格后再进行作业。

3.0.13 当进入有限空间拆除作业时，应采取强制性持续通风措施，保持空气流通。严禁采用纯氧通风换气。

3.0.14 对生产、使用、储存危险品的拟拆除物，拆除施工前应先进行残留物的检测和处理，合格后方可进行施工。

3.0.15 拆卸的各种构件及物料应及时清理、分类存放，并应处于安全稳定状态。

（八）拆除工程施工准备要求

《建筑拆除工程安全技术规范》（JGJ 147—2016）

4.0.1 拆除工程施工前，应掌握有关图纸和资料。

4.0.2 拆除工程施工前，应进行现场勘查，调查了解地上、地下建筑物及设施和毗邻建筑物、构筑物等分布情况。

4.0.3 对拆除工程施工的区域，应设置硬质封闭围挡及安全警示标志，严禁无关人员进入施工区域。

4.0.4 拆除工程施工前，应对影响施工的管线、设施和树木等进行迁移工作。需保留的管线、设施和树木应采取相应的防护措施。

4.0.5 拆除工程施工作业前，必须对影响作业的管线、设施和树木的挪移或防护措施等进行复查，确认安全后方可施工。

4.0.6 当拟拆除物与毗邻建筑及道路的安全距离不能满足要求时，必须采取相应的安全防护措施。

4.0.7 拆除工程施工前，应对所使用的机械设备和防护用具进行进场验收和检查，合格后方可作业。

（九）拆除过程的安全管理要求

《建筑拆除工程安全技术规范》(JGJ 147—2016)

6.0.1 拆除工程施工组织设计和安全专项施工方案，应经审批后实施；当施工过程中发生变更情况时，应履行相应的审批和论证程序。

6.0.2 拆除工程施工前，应对作业人员进行岗前安全教育和培训，考核合格后方可上岗作业。

6.0.3 拆除工程施工前，必须对施工作业人员进行书面安全技术交底，且应有记录并签字确认。

6.0.4 拆除工程施工必须按施工组织设计、安全专项施工方案实施；在拆除施工现场划定危险区域，设置警戒线和相关的安全警示标志，并应由专人监护。

6.0.5 拆除工程使用的脚手架、安全网，必须由专业人员按专项施工方案搭设，经验收合格后方可使用。

6.0.6 安全防护设施验收时，应按类别逐项查验，并应有验收记录。

6.0.7 拆除工程施工作业人员应按现行行业标准《建筑施工作业劳动防护用品配备及使用标准》JGJ 184 的规定，配备相应的劳动防护用品，并应正确使用。

6.0.8 当遇大雨、大雪、大雾或六级及以上风力等影响施工安全的恶劣天气时，严禁进行露天拆除作业。

6.0.9 当日拆除施工结束后或暂停施工时，机械设备应停放在安全位置，并应采取固定措施。

6.0.10 拆除工程施工必须建立消防管理制度。

6.0.11 拆除工程应根据施工现场作业环境，制定相应的消防安全措施。现场消防设施应按现行国家标准《建设工程施工现场消防安全技术规范》GB 50720 的规定执行。

6.0.12 当拆除作业遇有易燃易爆材料时，应采取有效的防火防爆措施。

6.0.13 对管道或容器进行切割作业前，应检查并确认管道或容器内无可燃气体或爆炸性粉尘等残留物。

6.0.14 施工现场临时用电应按现行行业标准《施工现场临时用电安全技术规范》JGJ 46 的规定执行。

6.0.15 当拆除工程施工过程中发生事故时，应及时启动生产安全事故应急预案，抢救伤员、保护现场，并应向有关部门报告。

6.0.16 拆除工程施工应建立安全技术档案，应包括下列主要内容：

1 拆除工程施工合同及安全生产管理协议；

2 拆除工程施工组织设计、安全专项施工方案和生产安全事故应急预案；

3 安全技术交底及记录；

4 脚手架及安全防护设施检查验收记录；

5 劳务分包合同及安全生产管理协议；

6 机械租赁合同及安全生产管理协议；

7 安全教育和培训记录。

（十）施工专项方案包含的内容

《危险性较大的分部分项工程专项施工方案编制指南》

五、拆除工程

（一）工程概况

1. 拆除工程概况和特点：本工程及拆除工程概况，工程所在位置、场地情况等，各拟拆除物的平面尺寸、结构形式、层数、跨径、面积、高度或深度等，结构特征、结构性能状况，电力、燃气、热力等地上地下管线分布及使用状况等。

2. 施工平面布置：拆除阶段的施工总平面布置（包括周边建筑距离、道路、安全防护设施搭设位置、临时用电设施、消防设施、临时办公生活区、废弃材料堆放位置、机械行走路线，拆除区域的主要通道和出入口）。

3. 周边环境条件

（1）毗邻建（构）筑物、道路、管线（包括供水、排水、燃气、热力、供电、通信、消防等）、树木和设施等与拆除工程的位置关系；改造工程局部拆除结构和保留结构的位置关系。

（2）毗邻建（构）筑物和设施的重要程度和特殊要求、层数、高度（深度）、结构形式、基础形式、基础埋深、建设及竣工时间、现状情况等。

（3）施工平面图、断面图等应按规范绘制，环境复杂时，还应标注毗邻建（构）筑物的详细情况，并说明施工振动、噪声、粉尘等有害效应的控制要求。

4. 施工要求：明确安全质量目标要求，工期要求（本工程开工日期、计划竣工日期）。

5. 风险辨识与分级：风险因素辨识及拆除安全风险分级。

6. 参建各方责任主体单位。

（二）编制依据

1. 法律依据：拆除工程所依据的相关法律、法规、规范性文件、标准、规范等。

2. 项目文件：包括施工合同（施工承包模式）、拆除结构设计资料、结构鉴定资料、拆除设备操作手册或说明书、现场勘查资料、业主规定等。

3. 施工组织设计等。

（三）施工计划

1. 施工进度计划：总体施工方案及各工序施工方案，施工总体流程、施工顺序。

2. 材料与设备计划等：拆除工程所选用的材料和设备进出场明细表。

3. 劳动力计划。

（四）施工工艺技术

1. 技术参数：拟拆除建、构筑物的结构参数及解体、清运、防护设施、关键设备及爆破拆除设计等技术参数。

2. 工艺流程：拆除工程总的施工工艺流程和主要施工方法的施工工艺流程；拆除工程整体、单体或局部的拆除顺序。

3. 施工方法及操作要求：人工、机械、爆破和静力破碎等各种拆除施工方法的工艺流程、要点，常见问题及预防、处理措施。

4. 检查要求：拆除工程所用的主要材料、设备进场质量检查、抽检；拆除前及施工过程中对照专项施工方案有关检查内容等。

（五）施工保证措施

1. 组织保障措施：安全组织机构、安全保证体系及相应人员安全职责等。

2. 技术措施：安全保证措施、质量技术保证措施、文明施工保证措施、环境保护措施、季节施工保证措施等。

3. 监测监控措施：描述监测点的设置、监测仪器设备和人员的配备、监测方式方法、信息反馈等。

（六）施工管理及作业人员配备和分工

1. 施工管理人员：管理人员名单及岗位职责（如项目负责人、项目技术负责人、施工员、质量员、各班组长等）。

2. 专职安全人员：专职安全生产管理人员名单及岗位职责。

3. 特种作业人员：特种作业人员持证人员名单及岗位职责。

4. 其他作业人员：其他人员名单及岗位职责。

（七）验收要求

1. 验收标准：根据施工工艺明确相关验收标准及验收条件。

2. 验收程序及人员：具体验收程序，确定验收人员组成（施工、监理、监测等单位相关负责人）。

3. 验收内容：明确局部拆除保留结构、作业平台承载结构变形控制值；明确防护设施、拟拆除物的稳定状态控制标准。

（八）应急处置措施

1. 应急救援领导小组组成与职责、应急救援小组组成与职责，包括抢险、安保、后勤、医救、善后、应急救援工作流程、联系方式等。

2. 应急事件（重大隐患和事故）及其应急措施。

3. 周边建构筑物、道路、地上地下管线等产权单位各方联系方式、救援医院信息（名称、电话、救援线路）。

4. 应急物资准备。

（九）计算书及相关施工图纸

1. 吊运计算，移动式拆除机械底部受力的结构承载能力计算书，临时支撑计算书，爆破拆除时的爆破计算书。

2. 相关图纸。

（十一）爆破拆除规定要求

《建筑拆除工程安全技术规范》（JGJ 147—2016）

5.3.1 爆破拆除作业的分级和爆破器材的购买、运输、储存及爆破作业应按现行国家标准《爆破安全规程》GB 6722执行。

5.3.2 爆破拆除设计前，应对爆破对象进行勘测，对爆区影响范围内地上、地下建筑物、构筑物、管线等进行核实确认。

5.3.3 爆破拆除的预拆除施工，不得影响建筑结构的安全和稳定。预拆除作业应在装药前全部完成，严禁预拆除与装药交叉作业。

5.3.4 当采用爆破拆除时，爆破震动、空气冲击波、个别飞散物等有害效应的安全允许标准，应按现行国家标准《爆破安全规程》GB 6722执行。

5.3.5 对高大建筑物、构筑物的爆破拆除设计，应控制倒塌的触落地震动及爆破后坐、滚动、触地飞溅、前冲等危害，并应采取相应的安全技术措施。

5.3.6 装药前应对每一个炮孔的位置、间距、排距和深度等进行验收；对验收不合格的炮孔，应按设计要求进行施工纠正或由爆破技术负责人进行设计修改。

5.3.7 当爆破拆除施工时，应按设计要求进行防护和覆盖，起爆前应由现场负责人检查验收；防护材料应有一定的重量和抗冲击能力，应透气、易于悬挂并便于连接固定。

5.3.8 爆破拆除可采用电力起爆网路、导爆管起爆网路或电子雷管起爆网路。电力起爆网路的电阻和起爆电源功率应满足设计要求；导爆管起爆网路应采用复式交叉闭合网路；当爆区附近有高压输电线和电信发射台等装置时，不宜采用电力起爆网路。装药前，应对爆破器材进行性能检测，试验爆破和起爆网路模拟试验应在安全场所进行。

5.3.9 爆破拆除应设置安全警戒，安全警戒的范围应符合设计要求。爆破后应对盲炮、爆堆、爆破拆除效果以及对周围环境的影响等进行检查，发现问题应及时处理。

（十二）静力破碎拆除规定要求

《建筑拆除工程安全技术规范》（JGJ 147—2016）

5.4.1 对建筑物、构筑物的整体拆除或承重构件拆除，均不得采用静力破碎的方法拆除。

5.4.2 当采用静力破碎剂作业时，施工人员必须佩戴防护手套和防护眼镜。

5.4.3 孔内注入破碎剂后，作业人员应保持安全距离，严禁在注孔区域行走或停留。

5.4.4 静力破碎剂严禁与其他材料混放，应存放在干燥场所，不得受潮。

5.4.5 当静力破碎作业发生异常情况时，必须立即停止作业，查清原因，并应采取相应安全措施后，方可继续施工。

十一、暗挖工程

主要规范标准:《房屋市政工程生产安全重大事故隐患判定标准》(2024 版)《建筑与市政施工现场安全卫生与职业健康通用规范》

（一）作业面带水施工的管理规定要求

当作业面带水施工时应采取相关安全技术措施:

1. 排水系统设计:排水系统应确保隧道内的积水能够及时排出,避免积水对施工造成影响。具体措施包括修建泵站、设置集水池和排水管等。

2. 防水材料的使用:在隧道防水施工中,使用高分子复合自粘防水卷材等防水材料是关键。这些材料能够有效防止水渗透,保护隧道结构。

3. 结构缝防水处理:在隧道环、纵向施工缝及沉降缝等薄弱环节,应加强防水处理。通常会在防水板与二衬混凝土之间加贴背贴式 PVC 止水带,以增强防水能力。

4. 应急排水方案:在施工过程中,可能会遇到超出设计最大涌水量的情况。此时需要启用应急排水方案,通过备用抽排设备组合进行排水,确保隧道内的积水能够及时排出。

5. 施工工艺流程:隧道暗挖工程的施工工艺流程包括铺设防水层、设置盲管、浇筑混凝土等步骤。每一步都需要严格按照设计要求进行,确保施工质量。

6. 材料选择和设备配置:选择合适的排水管材料和设备,如单壁打孔波纹管、双壁无孔波纹管等,确保排水通畅。

7. 施工缝处理:在施工缝处,防水板接头和衬砌施工缝应错开一定距离,以避免接头处的渗漏问题。

8. 个人防护装备:施工现场工人应佩戴必要的个人防护装备。

隧道工程作业面带水施工未采取相关措施判定为重大事故隐患。

（二）地下水控制的有关规定要求

当地下水控制措施失效时应停止施工作业,待地下水控制措施有效后方可恢复施工。相关安全技术措施:

1. 超前地质探测:在工作面上钻探测孔,提前掌握地层及地下水情况并作好预防。钻孔深度不小于 5m,发现前方土质含水量较大时,在原初期支护体系基础上,增加超前注浆管,增强注浆效果,固结拱部开挖轮廓外的土层或砂层,防止拱顶坍塌、涌砂、涌水事故。

2. 洞内降水及掌子面渗水治理:采用洞内轻型井点、真空管井等降水措施综合治理地下水。轻型井点包括斜井、水平辐射井,同时采用层间水明管引流、背后回填注浆止水等辅助措施。水平辐射管井针对承压水等水量较大的地下水,斜井主要针对层间潜水、界面残留水。

3. 残留水处理：当施工降水遇到疏干含水层问题时，采用注浆及超前导流措施处理位于拱顶的残留水，采用导流措施处理结构中部的残留水，采用明排措施处理结构底部的残留水。

4. 局部异常水处理：周边地下管线密集分布时，采取引排或封堵处理，防止初期支护失稳、基底地层扰动。

5. 总体治理效果：施工过程中采取地面管井降水＋洞内降水的综合治理地下水措施。地面管井降水主要针对竖井等深基坑开挖过程中的各层水位，水平辐射管井针对承压水等水量较大的地下水，斜井主要针对层间潜水、界面残留水，层间明管引流主要针对喷锚面上细小渗流水。

隧道工程地下水控制措施失效且继续施工判定为重大事故隐患。

（三）施工监测相关要求

1. 设计宜量化地面沉陷影响范围，结合实际情况制定合理的监测项目、频率和预警控制值；对于不良地质段及关键部位，应将深层沉降监测列为必测项目。

2. 施工单位应采用探地雷达法等先进适用方法对施工影响范围内的地下空洞及疏松体、管线渗漏等进行探测，由专业工程师对探测结果进行分析、验证、评估。

3. 矿山法隧道施工应进行超前地质探测工作，进一步核查隧道开挖面前方的工程地质、水文地质条件，分析地质突变发生几率和危害程度，采取切实有效的防范措施指导工程施工。

4. 隧道施工完成后，应及时对隧道洞内（壁后）、施工影响区域上部空洞进行探测并处理。

5. 鉴于暗挖工程的复杂性及本暗挖工程的重要性，暗挖工程采用信息化施工方法，边施工边监测。暗挖工程施工及地下结构施工期间，应对隧道支护结构受力和变形、周边建筑物、重要道路及地下管线等保护对象进行系统的监测，检查巡视隧道洞壁、地面裂缝等异常情况。通过监测和检查巡视，及时掌握隧道开挖及施工过程中支撑体系的实际状态及周边环境的变化情况，做到及时预报，为隧道安全施工和周边环境的安全与稳定提供监控数据，防患于未然。

6. 施工前或施工期间，如现场情况（地下水情况、周边管线情况、回填土情况等）与设计依据资料不符或发生重大变化，项目部应立即停止施工，对变化情况作出评估，必要时应调整设计或制订专项措施，报公司批准后，方可继续施工。

7. 第三方监测单位应按相关规范和监测方案开展监测工作，并对监测成果负责，分析监测数据发现异常情况及时向建设单位报告，按规定发布预警；推进信息化管控，关键部位监测项目研究推动自动化监测，实时上传监测数据。

8. 开工前应详细核查施工区域周边地下管线情况，做好废弃管线排查并与管线产权单位会签确认。施工过程中应随时检查地下管线渗漏水情况，发现地面出现沉降、开裂、渗涌水等情况应及时启动应急预案并协调会商相关部门妥善处理。

9. 应定期检查施工监测点布置和保护情况，比对分析施工监测和第三方监测数据及巡视信息。发现异常及时向建设、施工单位反馈并督促施工单位采取应对措施。

10、矿山法隧道（非爆破）掌子面应安装视频监控设备，全面记录掌子面围岩情况、地下水控制、超前支护、土方开挖、格栅钢架安装及喷射混凝土等施工全过程。

11. 矿山法隧道贯通、初期支护封闭成环后，结合监控量测资料拆除临时支撑，尽快施作二次衬砌，发挥二次衬砌承载力。

12. 施工单位应严格按照设计图纸和方案开展监测工作。监测数据出现预警时，及时按方案要求及规定程序启动响应处置。未按设计和方案开展监测工作的严禁开挖施工。

13. 施工单位应按照设计文件规定实施监控量测，监控量测数据超过预警值应科学分析并及时处置，超过控制值应分析查明原因并形成有效的处置措施。未明确处置措施严禁组织后续施工。

隧道工程未按规定监控量测，或监测数据超过设计控制值且未及时采取措施判定为重大事故隐患。

（四）盾构施工带压开仓作业的相关要求

1. 盾构开仓方案应综合考虑周围环境、地面条件、工程地质与水文地质条件、盾构设备状态和掘进参数特征等，选取合理开仓位置，制定有效的地层加固、降水止水、开挖面防坍塌等辅助措施，并经专家评审通过后实施。开仓前应进行安全条件核查，核查通过后现场严格组织，确保开仓作业安全。开仓前必须经过审批，并按照开仓方案进行操作。

2. 当地质条件不好、开挖面地层有可能失稳时，应预先对地层进行加固处理，可采取注浆或洞内加支撑等办法防止岩土掉块对作业人员的伤害，尤其是作业人员在搬运刀具过程中遇意外物体打击极易失衡，轻则将刀具掉入刀盘内，要花费相当时间才能打捞上来；重则人易被滚刀碰伤，甚至有可能滑入刀盘底部，被滚刀二次击伤，造成严重后果。

3. 除了对地层采取必要的措施外，还要做好其他准备工作，如对刀盘内的积土或淤泥和泥浆进行清理，尽量保持刀盘内作业空间位置，搭设稳固的临时支架和作业平台，提供充足的照明，包括行灯等局部照明工具。

4. 进仓人员应选择有经验的技术人员和作业人员，新手或者对仓内情况不清楚的人员尽量避免入内，进仓作业人员必须由专业医院体检合格后方能进仓，体检不合格或者感冒、流感以及耳朵、血压和心脏等有问题的不得进仓作业，应尽量缩短盾构机停止时间，防止土体失稳。如有土体严重失稳，可分次完成刀具更换，一般这时土体强度不大，盾构机可掘进数环后再更换另一批刀具。软土地层中盾构机停止时间以不超过两天为宜。

5.进仓作业应按照有限空间作业进行管理，每次进仓必须两人以上，并配备一名专业监护人员。人员进仓前，应先用气体检测仪对舱内气体进行检查，空气质量满足进仓要求后才能进仓作业，作业过程中，作业人员、监护人员作业时必须带好气体检测器进行仓内作业，不间断的对仓内气体检测，如有气体超标，作业人员要及时撤离现场，对仓内通风换气，防止有害气体含量过高导致中毒或爆炸。

6.开仓前必须检查气压以及其他参数情况，掌握仓内稳定情况，确认一切安全后方可开仓。

7.加压舱在使用前对各部件进行认真检查，所有的阀门、管路、压力表是否有堵塞和漏气现象，压力表是否准确，通讯装置和照明系统是否正常，舱门开关是否灵便，所需工具、器材是否完备，还要检查加压系统和供氧系统的准备情况。

8.若掌子面发生涌水或失稳，土仓内作业人员应当立即回到人仓，关闭土仓门，人员在人仓内正常减压出仓，如有人员受伤且不能现场处理，则可快速减压出仓，将伤员送入医院进行治疗，其他人员进入备用减压舱进行再减压。

9.刀具上下运输时，必须固定好，垂直运输时，下方不得有人，防止物体打击。滚刀重量大、边缘光滑、不宜固定，应尽量借助机械装置安装和拆卸滚刀，如合理运用葫芦等起重装置和滑轨等移动装置，以及支架等固定装置。

10.舱内不得动用明火，进仓人员要穿戴手套，防滑鞋等劳动防护用品，高空作业要佩戴安全带。

11.刀盘内潮湿，水气大，随着温度的升高会产生雾化现象，对电器、电线绝缘性能要求高，需选用24V以下的安全电压。

12.重新启动盾构机时应确认土舱内没有操作人员和工具材料已全部回收，在人闸口增设控制开关，并实行挂牌清点制度。

隧道工程盾构机带压开仓检查换刀未按有关规定实施判定为重大事故隐患。

（五）坍塌风险的预兆判定

1.山岭隧道，即铁路或公路穿越丘陵、山岭等时修建的隧道，其围岩大部分以岩质为主，其穿越地段地质条件复杂多变。山岭隧道坍塌过程中常伴有突水涌泥现象，主要发生在受风化带、断层破碎带、不良地质体、地质构造带等影响的围岩稳定性较差区域。风化作用使得岩体破碎，严重区域会呈现砂土及粉土状；断层挤压破坏作用使得周边岩体节理裂隙发育，并存在断层泥、糜棱岩等软弱结构，岩体呈现破碎、强度低、透水性大、抗水性差、稳定性差等特点。坍塌发生地段的岩体，表现出松散破碎形态，其强度较低、自稳能力较差，在施工过程中导致地下水、地表水或降水等进入破碎岩体中，使得岩体间的凝聚力和摩阻力进一步降低，在重力、地下水以及施工扰动的共同作用下超过其极限平衡，导致坍塌事故的发生。

2. 城市隧道，埋深较浅，其围岩以土质为主，而且在施工过程中对地表沉降控制严格，存在地下管线及其他构筑物相互影响的问题。根据统计的事故案例，城市隧道施工中，地下管线的渗漏或破坏及不良地质体的出现，是发生坍塌的主要因素。城市隧道坍塌事故所造成的社会影响、经济损失要明显大于山岭隧道。均质软弱围岩条件为主的城市隧道的坍塌特征为：①深埋隧道围岩发生破坏时不会延伸至地表，破裂面多从硐室两侧的边墙处开始向上发展，坍塌过程中会出现多次坍塌并每次会形成短暂的稳定塌落拱，最终形成稳定的塌落拱，塌落拱的形状表现为典型二次抛物线形；②浅埋隧道的坍塌会波及地表而造成地表的坍塌，地表要先于硐室围岩出现破裂，在塌落过程中也会出现暂时的稳定塌落拱，形状也表现为典型二次抛物线形。

3. 水下隧道，既是隧道工程也是水下工程，不良地质段的影响更为严重，一旦发生事故，会造成灾难性的后果。且不良地质段的影响不仅存在于施工阶段，也存在于运营阶段，水下隧道周围水的存在及其活动是影响隧道围岩稳定性的主要因素，水下隧道的支护结构在承受围岩压力的同时还需承担很高的渗透水压力，水下隧道开挖面产生的渗透力增加了围岩向洞内运动的推动力，同时使得围岩抗剪强度和摩阻力降低，加大了围岩的变形和塑性区的扩展，而围岩的变形又使得围岩的变形模量和强度进一步降低，同时围岩的渗透性增大，形成一个恶性循环，最终导致围岩失稳发生坍塌。水下隧道的主要特征包括：①水下地质勘探困难、成本高、准确性低，遇到未预测到的断层、破碎带等不良地质构造的风险大；②高渗水压力使得围岩渗透性高，若施工扰动区与水体存在断层破碎带等通道，可能造成灾难性的坍塌和涌水；③高孔隙水压力和饱水岩体强度软化使得围岩有效应力降低，导致地层稳定性较差；④长期处于高外水压力下，围岩容易发生膨胀软化，导致支护结构的长期稳定性较差；⑤海上竖井施工难度大，使得单向施工的长度加大，技术难度增加。

4. 围岩失稳坍塌，不良地质体受施工影响而发生破坏，最终造成的坍塌事故中主要是由断层破碎带、空洞、溶洞等造成的。断层破碎带其岩石强度低、透水性大、介质松散，当有地下水时，其围岩遇水软化，松动圈范围增大，围岩压力增加，支护结构变形增大，最终导致坍塌事故发生。在隧道施工扰动下，地层中的空洞、溶洞等发生破坏，使得上方地层中出现力学不平衡，导致坍塌的发生。

5. 目前隧道坍塌事故中，水是最主要的影响因素，大部分坍塌事故发生过程中均受水的影响，包括地下水和地表水，其中地下水主要指管线渗漏水、孔隙水、含水层、围岩裂隙水、水囊等；地表水是地下水的主要补给源，包括降雨、降雪、河流、湖泊等，持续或强降雨会增加地下水量，从而加剧坍塌的风险和危害。松散破碎岩体或页岩、软黏土等为主的软岩地层，其岩石的单轴抗压强度和弹性模量随着含水量的增加而降低，因水的物理、化学及力学作用，通过软化、溶解、润滑、水压力及机械冲刷作用使隧道围岩的稳定性降低，导致坍塌事故的发生。

6. 管线渗漏水可能会导致在地层中形成流沙，而在管线的周围会形成空洞或水囊。当隧道施工临近这些管线时，施工扰动会加剧渗漏，甚至造成管线破裂而导致涌水，使得地层力学性质恶化，并引起空洞扩大甚至空洞群连通，最终导致地层失稳破坏而发生坍塌事故。

7. 膨胀岩（含高岭土、蒙脱石等矿物）多存在于断层等地质构造带，在无水状态下较为坚硬，在遇水后迅速发生软化，强度降低，使围岩自稳能力下降，导致坍塌事故的发生。

8. 支护强度不足导致坍塌，导致支护强度不足的原因主要有 3 个：设计不合理、支护不及时、施工质量差。隧道开挖前地层处于天然应力平衡状态，开挖后出现新的临空面，产生卸荷作用，打破了围岩的应力平衡状态，使得围岩产生向洞内的位移和应力重分布，以求达到新的应力平衡，从而形成二次应力。当围岩的强度大于二次应力时，围岩稳定；当围岩的强度小于二次应力时，则围岩失稳，需通过支护措施来保证围岩的稳定。若支护不及时，则围岩会从表面到深部逐渐产生破坏，依次形成塑性软化区、塑性强化区和弹性区，其中塑性软化区是支护的对象，而塑性强化区和弹性区是围岩承载力的主体来源。施工过程中支护不及时，是指在隧道开挖后未能及时进行锚喷支护，使得围岩裸露时间过长，引起围岩的松动，最终导致坍塌事故的发生。

9. 突发性坍塌、阵发性坍塌和缓慢变形坍塌的特征及原因。突发性坍塌，多是因地质条件突变、超前支护不到位、爆破参数不合理突然发生的坍塌事故；阵发性坍塌是因围岩松动导致连续的多次坍塌，在同一位置或附近位置发生，具有一定的时间间隔，危害性较大；缓慢变形坍塌是因地质条件的变化、地下水位的变化、岩体蠕变、施工等原因使得原岩应力稳定性破坏、重组过程中，因围岩较差不能满足强度要求，使得围岩由弹性变形转变为塑性变形，当达到极限时就会发生坍塌，多发生在完成支护的隧道中。

10. 局部坍塌、拱形坍塌、异形坍塌和贯穿型坍塌。局部坍塌，多发生在隧道的拱部，部分情况下会发生在侧壁，主要发生在围岩为块状、大块状岩体中。造成局部坍塌的主要原因包括：①风化作用、断层及节理的切割，使得岩体破碎，整体性差，沿断层带以及节理带的渗水、局部的夹泥层出现等，使得岩体间的咬合力和摩阻力很小，稳定性差；②小断层、软弱夹层及节埋相互作用下使得部分岩块呈现"人"字形、"三角形"，在施工扰动及地下水的作用下超过了其极限平衡而坍塌。拱形坍塌，一般会发生在层状岩体、碎块状岩体、松软地层的深埋隧道中。异形坍塌主要是由于特殊的地质条件（如空洞、溶洞等）以及浅埋地层条件所造成的。对于拱形坍塌，是由于隧道开挖后应力重新分布，当重分布应力超过围岩强度时，围岩发生破坏导致坍塌事故发生，但坍塌不会无限制地发展，当坍塌发展到一定高度时，因上部地层的相互作用，形成压力拱，重新达到平衡状态。贯穿型坍塌，多发生在浅埋隧道中，或者上覆地层存在特殊地质构造（如空洞、溶洞、水蚀坑等）且围岩级别为四级以上。导致贯穿型坍塌的原因分为 2 种：施工直接导致、施工间接原因导致的上覆地层失稳而形成的地面塌陷。

11. 初期支护前、二次衬砌前、完成支护后坍塌，初期支护前坍塌，指的是开挖后未进行任何支护时或初期支护承载力有限时发生的坍塌,多因围岩稳定性差、施工扰动、超前支护措施不够、初期支护承载力不足或支护滞后导致的,大部分坍塌发生在该阶段。二次衬砌前坍塌,指的是完成了初次支护,但是尚未完成二次衬砌时发生的坍塌,该阶段的坍塌多为渐进过程。主要原因包括:初期支护背后的空洞未能及时进行密实充填从而造成围岩的进一步破坏,松动圈范围增大,并且初期支护受力不均匀,遇有特殊构造地带时极易造成初期支护结构的破坏;围岩应力释放转移到初期支护结构上的荷载不断增加,导致变形持续增大,造成局部支护结构发生破坏和失稳;二次衬砌施工滞后、设计不合理、初期支护施工质量差等。完成支护后坍塌,是指在洞身段所有支护完成后发生的坍塌,主要是因为支护设计不合理、运营维护不当、衬砌背后接触不良、施工质量不合格等造成的。

(六)施工时出现涌水、涌沙、局部坍塌,支护结构扭曲变形或出现裂缝的处置措施

《城市轨道交通工程监测技术规范》(GB 50911—2013)

9.1.6 现场巡查过程中发现下列警情之一时,应根据警情紧急程度、发展趋势和造成后果的严重程度按预警管理制度进行警情报送:

1 基坑、隧道支护结构出现明显变形、较大裂缝、断裂、较严重渗漏水、隧道底鼓,支撑出现明显变位或脱落、锚杆出现松弛或拔出等;

2 基坑、隧道周围岩土体出现涌砂、涌土、管涌,较严重渗漏水、突水,滑移、坍塌,基底较大隆起等;

3 周边地表出现突然明显沉降或较严重的突发裂缝、坍塌;

4 建(构)筑物、桥梁等周边环境出现危害正常使用功能或结构安全的过大沉降、倾斜、裂缝等;

5 周边地下管线变形突然明显增大或出现裂缝、泄漏等;

6 根据当地工程经验判断应进行警情报送的其他情况。

隧道工程施工时出现涌水、涌沙、局部坍塌,支护结构扭曲变形或出现裂缝,未及时采取措施判定为重大事故隐患。

(七)采用矿山法、盾构法、顶管法施工的隧道、洞室工程的管理规定要求

1.《建筑与市政施工现场安全卫生与职业健康通用规范》(GB 55034—2022)

3.7.1 暗挖施工应合理规划开挖顺序,严禁超挖,并应根据围岩情况、施工方法及时采取有效支护,当发现支护变形超限或损坏时,应立即整修和加固。

3.7.2 盾构作业时，掘进速度应与地表控制的隆陷值、进出土量及同步注浆等相协调。

3.7.3 盾构掘进中遇有下列情况之一时，应停止掘进，分析原因并采取措施：

1 盾构前方地层发生坍塌或遇有障碍；

2 盾构自转角度超出允许范围；

3 盾构位置偏离超出允许范围；

4 盾构推力增大超出预计范围；

5 管片防水、运输及注浆等过程发生故障。

3.7.4 顶进作业前，应对施工范围内的既有线路进行加固。顶进施工时应对既有线路、顶力体系和后背实时进行观测、记录、分析和控制，发现变形和位移超限时，应立即进行调整。

3.13.1 地下施工作业穿越富水地层、岩溶发育地质、采空区以及其他可能引发透水事故的施工环境时，应制定相应的防水、排水、降水、堵水及截水措施。

3.13.2 盾构机气压作业前，应通过计算和试验确定开挖仓内气压，确保地层条件满足气体保压的要求。

2.《盾构法隧道施工及验收规范》(GB 50446—2017)

4.4.3 洞门密封装置应满足盾构始发和接收密封要求。

4.5.2 当洞口段土体不能满足盾构始发和接收对防水、防坍等安全要求时，应采取加固措施。

7.4.2 始发掘进前，应对洞门外经改良后的土体进行质量检查，合格后方可始发掘进；应制定洞门围护结构破除方案，并应采取密封措施保证始发安全。

7.4.7 盾尾密封刷进入洞门结构后，应进行洞门圈间隙的封堵和填充注浆。注浆完成后方可掘进。

7.8 关于开仓作业作业相关规定。

7.9.2 盾构接收前，应对洞口段土体进行质量检查，合格后方可接收掘进。

隧道工程未按规范或施工方案要求选择开挖、支护方法判定为重大事故隐患；隧道工程盾构机始发、接收端头未按设计进行加固，或加固效果未达到要求且未采取措施即开始施工判定为重大事故隐患；隧道工程盾构机盾尾密封失效、铰链部位发生渗漏仍继续掘进作业判定为重大事故隐患。

（八）暗挖工程施工管理要求

1.暗挖工程属于超过一定规模的危大工程，必须严格执行《危险性较大的分部分项工程安全管理规定》（住房和城乡建设部令第 37 号）及相关要求。防范暗挖工程施工坍塌是确保施工过程安全的主要内容。

2.建设单位牵头构建暗挖工程防范坍塌体系，细化任务分工，认真组织实施，层层压实责任，强化各参建单位的责任落实。牵头构建勘察、设计、施工、监理、监测、检测等参建单位共同参与、各负其责的暗挖工程防坍塌管理体系，明确参建各方管理责任，督促落实防坍塌措施，加强各阶段组织衔接与工作协调，加强对参建各方的履约管理。组织开展典型事故案例和工程风险技术分析。

3. 建设单位应在基坑开挖前、盾构始发前，组织勘察、设计、施工、监理、第三方检测等单位，结合水文地质情况和周边建（构）筑物、管线情况进行现状调查，形成现状调查报告并分析评估，研究制定相关保护措施。

4. 建设单位应及时向施工单位提供真实、准确、完整的工程相关资料（气象水文和地形地貌资料，工程地质和水文地质资料，施工现场及毗邻区域内建（构）筑物、地下管线等周边环境资料），强化地质风险防控，提升信息化管理水平，逐步实现关键部位监测自动化，督促监测数据实时上传，关键工序管理数据实时记录。必要时建设单位可委托第三方咨询机构进行风险评估。

5. 勘察单位应完善不良地质地区勘察细则，建立地下水动态勘察机制；按照《城市轨道交通工程地质风险控制技术指南》要求做好断层及其破碎带、淤泥、流砂、孤石、水囊、岩溶（溶洞）、地下障碍物等不良地质探查评估，针对不良地质、地质变化复杂区段及坍塌风险较大的地区开展专项勘察；勘察报告中应揭示不良地质条件，对因故未能探明的地层区段或位置，应向设计、施工单位交底并说明对工程施工可能造成的影响。

6. 勘察单位随工程进展和工程位置变更，结合现场条件，及时完成补勘工作，对无法实施的钻孔应采用物探等手段探测地层岩性、地质构造等地质条件；加强勘察钻孔封堵及标识检查验收，杜绝钻孔未封堵或封堵不密实现象。

7. 设计单位应按照法律法规和工程建设强制性标准进行设计，开展风险辨识、分析、跟踪和设计服务。

8. 设计单位应根据工程自身、不良地质、周边环境和自然灾害等坍塌风险深化工程风险设计；加强基坑围护结构、隧道支护结构方案审查；完善动态设计及配合制度，研究工程应急设计。

9. 设计应充分考虑工程地质和水文地质特性，在符合国家标准、行业标准和地方标准规定前提下，结合工程实际，科学合理地选择重要设计参数、计算方法和计算模型并严格复核，保证足够的结构强度安全系数和稳定性安全系数。

10. 设计应加强隧道工程整体方案把控，控制隧道尺寸和深度、选择合适的施工工法、增加与风险源建筑物的距离、合理确定隧道支护结构设计、采取与地质条件相符且足够的风险控制措施。

11. 设计应采取适当的隧道超前支护方法（大管棚、双层小导管、深孔注浆等），对掌子面前方一定范围内的地层进行超前支护，避免掌子面变形过大导致失稳，以及前方地层及管线等构筑物变形过大或破坏。

12. 设计应合理确定分部开挖各导洞的断面尺寸和施工步序，保证各导洞初期支护稳定并减小导洞间群洞效应，设计应明确临时支撑拆除施工步序、长度、范围，确保结构安全。

13. 设计单位必要时进行应急设计，应参与初支结构侵限、土体超前加固不足、渗漏水、监测值达到红色预警等特殊情况下的应急设计方案制定。

14. 矿山法施工方案中应包括掘进支护施工方案，二衬结构施工方案（拆换撑）、地下水控制施工方案等重要内容。施工工法、施工顺序、超前支护形式、临时支护拆除（拆除长度超过原设计要求 1/3）、地下水控制等因素发生变化的，应按要求重新编制、审批、论证施工方案。未按要求编制、审批、论证施工方案的，严禁施工。

15. 矿山法隧道工程应严格按照关键节点施工前安全条件核查的管理规定组织条件核查。未经安全条件核查或核查主控项目不合格的，严禁后续施工。

16. 各地宜针对当地地质条件和工程特点，细化暗挖工程防坍塌具体措施要求。

17. 施工单位应严格按照设计文件、施工方案及相关技术标准进行施工，深入辨识工程自身、不良地质、周边环境和自然灾害等可能造成的坍塌风险，明确风险等级和管控措施，形成风险分析报告并进行专家评审。

18. 施工单位应配备相关专业人员，对施工过程中的地质风险进行日常巡查，评估现场风险状况，及时采取处置措施。

19. 基坑、隧道工程施工方案的编制、审批、专家论证及实施、验收等应符合《危险性较大的分部分项工程安全管理规定》（住房和城乡建设部令第 37 号）相关规定。施工方案的编制论证应将防坍塌作为重点内容之一。

20. 施工项目应加强培训教育，将暗挖工程防坍塌技术管理要求纳入培训内容，提升防范坍塌意识和技术管理水平。

21. 工程项目应根据工程特点制定各项安全生产管理制度建立健全安全生产管理体系。

22. 施工单位负责施工阶段的坍塌风险辨识、分析评价和动态管控，排查治理坍塌隐患，建立应急制度，完善应急措施。施工现场应合理设置安全生产宣传标语和标牌，标牌设置应牢固可靠。应在主要施工部位、作业层面、危险区域以及主要通道口设置安全警示标识。应根据安全事故类型采取防护措施，对存在的安全问题和隐患，应定人、定时间、定措施组织整改。

23. 矿山法隧道工程采用爆破法施工时应符合当地有关管理规定，建立严格的爆破专项方案并经专家评审论证，按规定报批后方可实施；爆破人员持证上岗；严格控制爆破装药量，当天剩余的爆破器材必须清点数量，及时退库；爆破时划定爆破警戒区，严禁人员进入。

24. 调整设计文件和施工方案主要技术措施参数（如混凝土强度、配筋、结构尺寸等），应经设计专业负责人书面同意，并重新按规定审查。建设单位项目负责人、总监理工程师或总监理工程师代表、项目经理或项目总工程师、设计专业负责人等应参加涉及调整主要技术措施参数的四方会议，并在会议纪要上签字确认。开挖过程中采取的施工步序、超前加固、初期支护及拆除的范围和方式与设计文件及施工方案不符的，严禁开挖施工。

25. 施工单位应对重要管线核查清楚，针对可能的风险采取相应措施后，方可进行矿山法隧道施工。对施工影响范围内的燃气、给排水和雨污水等管线，未经核查或发现重要管线未采取相应措施的，严禁施工。管线核查主要包括管线的规格、材质、所处标高与工程位置关系、使用年限、现状等信息；相应措施主要是指重要管线的保护、加固等措施。

26. 施工单位必须建立矿山法隧道掌子面与地面的通讯联络机制：通讯联络可采用有线电话、无线电话、网络通信等方式，确保两种以上联络方式畅通。开挖阶段隧道内应配置应急抢险物资（工字钢、小导管、加气块、钢筋网片等），根据工程进度就近放置。矿山法隧道及盾构施工对应地面影响位置宜配备围蔽、隔离等应急物资，并随地下结构施工进展及时调整相应存放位置。

27. 暗挖施工应合理规划开挖顺序，严禁超挖，并应根据围岩情况、施工方法及时采取有效支护，当发现支护变形超限或损坏时，应立即整修和加固。

28. 严格控制超前注浆量，超前支护效果达到安全作业条件时方可进行土方开挖。回填土、砂层等松散地层超前支护加固效果不能满足开挖安全需要的，或开挖后出现流砂、土体坍塌等现象，隐患未处理完成的，严禁继续开挖施工。注浆人员应经专业培训考核合格后上岗；加强格栅及丝头加工质量控制；格栅安装时，节点板及连接筋连接不满足要求应采用帮条焊补强。

29. 矿山法隧道开挖进尺应严格执行相关规范、标准、规定及设计要求，严禁超挖，严禁仰挖，严禁以土柱代替格栅支护。矿山法隧道格栅钢架、型钢及连接节点应逐榀进行隐蔽工程验收，并留存照片等影像资料。

30. 矿山法施工作业前，应确保主要人员、机械设备、物资到位，保持掌子面连续作业；机械设备（包括：注浆设备、喷射混凝土设备）能够保障超前支护注浆效果，开挖后及时喷射混凝土；开挖前，钢格栅（或型钢构件）、喷射混凝土所用的材料等物资准备齐全。分部施工的，格栅架设完成后应及时喷射混凝土；暂停开挖施工的应按要求及时封闭掌子面。

31. 采用冻结法施工的通道，土方开挖前（积极冻结期结束）及停止冻结前应进行条件验收。

32. 加强矿山法隧道施工期间上部道路管理，有条件时采取铺设钢板、车辆限重、限速等措施，确保隧道施工安全。

33. 应对初期支护与围岩之间空隙进行检测，避免围岩松动，造成地表沉降等破坏。应对中隔壁及仰拱施工质量、垂直度进行验收，避免初支破坏。

34. 盾构机在进场前应通过适应性评估，由建设（或监理）单位组织专家和相关人员验收合格后方可进场；严禁未经验收或验收不合格的盾构机进场。关键节点施工前应开展安全条件核查，未经安全条件核查或核查不合格的，严禁擅自施工。

35. 盾构掘进施工前，施工单位应在具备条件时对地下空洞及易造成地面坍塌风险的不良地质（如上软下硬、孤石、岩溶、富水砂层及断裂带等）进行地面预处理。

36. 施工单位应根据不同的掘进组段，确定合理的土压力、扭矩、刀盘转速推力、推进速度、添加材料注入量、注浆压力等掘进参数，精确控制盾构掘进姿态，妥善处理轴线偏差，确保盾构匀速连续掘进；建立掘进参数动态调整机制，以出土量控制为核心，确保盾构姿态稳定。

37. 盾构穿越高风险区段前，必须保证盾构机运行状况良好，有条件的宜设置穿越试验段以检验并调整掘进参数。应按照注浆量及注浆压力双控要求掘进施工，并加强同步注浆，及时进行背后回填注浆。

38. 施工单位应严格按照操作规程开展水平运输、垂直运输（起重吊装）作业，按规定对运输设备及轨道进行维修保养，保证运行状态良好；盾构机出现故障或其他异常情况时，应及时处置。

39. 盾构掘进过程中出现参数异常突变、渣土改良效果变差、出土量异常和监测预警时，应及时组织召开专家分析会，并迅速采取有效措施进行处理。

40. 对于复杂地质条件，应在风险较低的地段适当设置掘进试验段，调整、确定适合的掘进方式和掘进参数。

41. 施工单位应建立健全生产安全事故应急工作责任制，根据自身工程特点和内容，编制基坑、隧道防坍塌专项应急预案和现场处置方案，建立应急抢险队伍，配备必要的应急救援装备和物资并进行经常性维护保养；作业人员进入有限空间作业应做好防范坍塌措施。

42. 基坑、隧道防坍塌应急演练应突出重点、讲究实效，确保受训人员了解应急预案内容，明确个人职责，熟悉响应程序，掌握突发情况应急处置技能。矿山法隧道及盾构施工一旦出现施工作业面坍塌、突泥、涌水，应采取有效措施科学处置，首先保证作业人员生命安全，并将情况反馈地面。施工过程中要加强洞内、洞外巡视和监测，设置专人值守和地面巡视，一旦地面发生开裂隆起、坍塌等情况应及时通知地下人员，视情况及时撤离作业面，并做好地面交通管制和人流疏导。

43. 建设、施工单位建立与工程周边产权单位联动机制，发生坍塌事件，第一时间通知影响区范围内的房屋、管线产权单位，及时启动应急响应，保证社会人员安全。

44. 险情发生后建设单位应按程序报告险情并组织现场抢险，协调有关工程专家及应急抢险队伍、设备进场。建设、施工单位应防止事态扩大，尽量避免事故次生灾害和衍生灾害发生。

45. 勘察设计单位应配合做好地质水文勘察、险情分析，参与制定、优化重大险情应急抢险实施方案。第三方监测单位应配合做好抢险期间险情发生部位的加密监测工作。

隧道工程未按规定开展超前地质预报判定为重大事故隐患；隧道工程未对因施工可能造成损害的毗邻建筑物、构筑物和地下管线等，采取专项防护措施判定为重大事故隐患；隧道工程未经批准，在轨道交通工程安全保护区范围内进行新（改、扩）建建（构）筑物、敷设管线、架空、挖掘、爆破等作业判定为重大事故隐患。

（九）施工专项方案包含的内容

《危险性较大的分部分项工程专项施工方案编制指南》

六、暗挖工程

（一）工程概况

1. 暗挖工程概况和特点：工程所在位置、设计概况与工程规模（结构形式、尺寸、埋深等）、开工时间及计划完工时间等。

2. 工程地质与水文地质条件：与工程有关的地层描述（包括名称、厚度、状态、性质、物理力学参数等）。含水层的类型，含水层的厚度及顶、底板标高，含水层的富水性、渗透性、补给与排泄条件，各含水层之间的水力联系，地下水位标高及动态变化。绘制地层剖面图，应展示工程所处的地质、地下水环境，并标注结构位置。

3. 施工平面布置：拟建工程区域、生活区与办公区、道路、加工区域、材料堆场、机械设备、临水、临电、消防的布置等，在施工现场显著位置公告危大工程名称、施工时间和具体责任人员，危险区域安全警示标志。

4. 周边环境条件：

（1）周边环境与工程的位置关系平面图、剖面图，并标注周边环境的类型。

（2）邻近建（构）筑物的工程重要性、层数、结构形式、基础形式、基础埋深、建设及竣工时间、结构完好情况及使用状况。

（3）邻近道路的重要性、交通负载量、道路特征、使用情况。

（4）地下管线（包括供水、排水、燃气、热力、供电、通信、消防等）的重要性、特征、埋置深度、使用情况。

（5）地表水系的重要性、性质、防渗情况、水位、对暗挖工程的影响程度等。

5. 施工要求：明确质量安全目标要求，工期要求（本工程开工日期、计划竣工日期），暗挖工程计划开工日期、计划完工日期。

6. 风险辨识与分级：风险因素辨识及暗挖工程安全风险分级。

7. 参建各方责任主体单位。

（二）编制依据

1. 法律依据：暗挖工程所依据的相关法律、法规、规范性文件、标准、规范等。

2. 项目文件：施工合同（施工承包模式）、勘察文件、设计文件及施工图、地质灾害危险性评价报告、安全风险评估报告、地下水控制专家评审报告等。

3. 施工组织设计等。

（三）施工计划

1. 施工进度计划：暗挖工程的施工进度安排，具体到各分项工程的进度安排。

2. 材料与设备计划等：机械设备配置，主要材料及周转材料需求计划，主要材料投入计划、物理力学性能要求及取样复试详细要求，试验计划。

3. 劳动力计划。

（四）施工工艺技术

1. 技术参数：设备技术参数（包括主要施工机械设备选型及适应性评估等，如顶管设备、盾构设备、箱涵顶进设备、注浆设备和冻结设备等）、开挖技术参数（包括开挖断面尺寸、开挖进尺等）、支护技术参数（材料、构造组成、尺寸等）。

2. 工艺流程：暗挖工程总的施工工艺流程和各分项工程工艺流程。

3. 施工方法及操作要求：暗挖工程施工前准备，地下水控制、支护施工、土方开挖等工艺流程、要点，常见问题及预防、处理措施。

4. 检查要求：暗挖工程所用的材料、构件进场质量检查、抽检，施工过程中各工序检查内容及检查标准。

（五）施工保证措施

1. 组织保障措施：安全组织机构、安全保证体系及相应人员安全职责等。

2. 技术措施：安全保证措施、质量技术保证措施、文明施工保证措施、环境保护措施、季节施工保证措施等。

3. 监测监控措施：监测组织机构，监测范围、监测项目、监测方法、监测频率、预警值及控制值、巡视检查、信息反馈，监测点布置图等。

（六）施工管理及作业人员配备和分工

1. 施工管理人员：管理人员名单及岗位职责（如项目负责人、项目技术负责人、施工员、质量员、各班组长等）。

2. 专职安全人员：专职安全生产管理人员名单及岗位职责。

3. 特种作业人员：特种作业人员持证人员名单及岗位职责。

4. 其他作业人员：其他人员名单及岗位职责。

（七）验收要求

1. 验收标准：根据施工工艺明确相关验收标准及验收条件。

2. 验收程序及人员：具体验收程序，确定验收人员组成（建设、勘察、设计、施工、监理、监测等单位相关负责人）。

3. 验收内容：暗挖工程自身结构的变形、完整程度，周边环境变形，地下水控制等。

（八）应急处置措施

1. 应急处置领导小组组成与职责、应急救援小组组成与职责，包括抢险、安保、后勤、医救、善后、应急救援工作流程、联系方式等。

2. 应急事件（重大隐患和事故）及其应急措施。

3. 周边建构筑物、道路、地下管线等产权单位各方联系方式、救援医院信息（名称、电话、救援线路）。

4. 应急物资准备。

（九）计算书及相关施工图纸

1. 施工计算书：注浆量和注浆压力、盾构掘进参数、顶管（涵）顶进参数、反力架（或后背）、钢套筒、冻结壁验算、地下水控制等。

2. 相关施工图纸：工程设计图、施工总平面布置图、周边环境平面（剖面）图、施工步序图、节点详图、监测布置图等。

（十）暗挖工程的主要安全风险

根据工程地质、水文地质条件，结合类似工程的事故案例、工程经验以及可能采用的施工工艺、工法，分析预测可能发生的主要安全风险：

基坑坍塌、基底隆起、基底突涌、围护结构渗漏、围护结构变形、地表过量沉降、爆破震动、降水困难、中毒窒息等风险。

地面坍塌、进出洞坍塌、进出洞突涌、中途换刀检修、密封失效、过大沉降、掘进受阻、刀盘刀具非正常磨损、中毒窒息、爆炸等风险。

掌子面坍塌、掌子面突涌、初支过载、过量沉降、爆破飞石、降水困难、中毒窒息、爆炸等风险。

结构渗漏、结构上浮、结构不均匀变形、结构坍塌、周边环境变化等风险。

（十一）施工各阶段验收规定要求

根据施工方法和内容严格按照专项施工方案验收要求的验收标准、验收程序及人员及验收内容进行施工各阶段验收。

（十二）日常检查相关规定要求

1. 设计文件的合理性检查：地下暗挖工程的设计文件是整个工程的基础，必须经过认真的核对和审查。检查时要着重考虑地下环境的特殊性，包括地下水情况、地质情况等因素，确保设计文件中充分考虑了这些因素，并采取了相应的处理措施。

2. 施工方案和安全技术措施的合理性检查：地下暗挖工程具有一定的危险性，因此在施工过程中必须严格执行相应的施工方案和安全技术措施。检查时要着重考虑是否存在缺乏周全、缺乏安全预案、缺乏安全培训等问题，确保施工方案和安全技术措施充分保障了地下暗挖工程的安全。

3. 材料和设备的质量检查：地下暗挖工程的质量直接关系到工程的安全和持久性。检查时要着重考虑材料和设备的合格性，检查材料和设备的质量检测报告，对检测数据进行逐一分析和比对。

4. 人员配备及工程进度的检查：地下暗挖工程需要经验丰富的专业人员的配合才能完成，因此施工过程中的人员配备情况是至关重要的。检查时要着重考虑相关负责人是否具有相应的技术资格、施工人员是否具有相关的培训和证书等情况，并对其进行清楚记录。同时，还要对工程的进度进行检查，确保进度计划的合理性，并进行实际情况的比对。

5.施工前安全准备工作：包括制定安全管理方案、组织安全培训、制定应急预案、购置安全设备和器材、对施工现场进行安全检查等。确保施工前消除安全隐患，保障施工正常进行。

6.施工中的安全管理措施：包括严格遵守操作规程、督促佩戴个人防护用品、定期进行安全检查、加强通风排气等。确保施工过程中及时发现并排除安全隐患，保障施工安全。

通过这些日常检查内容，可以确保地下暗挖工程的安全、质量和进度，避免潜在的安全风险和工程质量问题。

十二、消防安全

主要规范标准:《建设工程施工现场消防安全技术规范》(GB 50720—2011)

（一）动火作业管理规定要求

《建设工程施工现场消防安全技术规范》(GB 50720—2011)

6.3.1　施工现场用火应符合下列规定

1 动火作业应办理动火许可证；动火许可证的签发人收到动火申请后，应前往现场查验并确认动火作业的防火措施落实后，再签发动火许可证。

2 动火操作人员应具有相应资格。

3 焊接、切割、烘烤或加热等动火作业前，应对作业现场的可燃物进行清理；作业现场及其附近无法移走的可燃物应采用不燃材料对其覆盖或隔离。

4 施工作业安排时，宜将动火作业安排在使用可燃建筑材料的施工作业前进行。确需在使用可燃建筑材料的施工作业之后进行动火作业时，应采取可靠的防火措施。

5 裸露的可燃材料上严禁直接进行动火作业。

6 焊接、切割、烘烤或加热等动火作业应配备灭火器材，并应设置动火监护人进行现场监护，每个动火作业点均应设置 1 个监护人。

7 五级（含五级）以上风力时，应停止焊接、切割等室外动火作业；确需动火作业时，应采取可靠的挡风措施。

8 动火作业后，应对现场进行检查，并应在确认无火灾危险后，动火操作人员再离开。

9 具有火灾、爆炸危险的场所严禁明火。

10 施工现场不应采用明火取暖。

11 厨房操作间炉灶使用完毕后，应将炉火熄灭，排油烟机及油烟管道应定期清理油垢。

（二）可燃物、易燃易爆危险品的管理规定要求

《建设工程施工现场消防安全技术规范》(GB 50720—2011)

6.2　可燃物及易燃易爆危险品管理

6.2.1　用于在建工程的保温、防水、装饰及防腐等材料的燃烧性能等级应符合设计要求。

6.2.2　可燃材料及易燃易爆危险品应按计划限量进场。进场后，可燃材料宜存放于库房内，露天存放时，应分类成堆堆放，堆高不应超过 2m，单堆体积不应超过 50m^3，堆与堆之间的最小间距不应小于 2m，且应采用不燃或难燃材料覆盖；易燃易爆危险品应分类专库储存，库房内应通风良好，并应设置严禁明火标志。

6.2.3　室内使用油漆及其有机溶剂、乙二胺、冷底子油等易挥发产生易燃气体的

物资作业时，应保持良好通风，作业场所严禁明火，并应避免产生静电。

6.2.4 施工产生的可燃、易燃建筑垃圾或余料，应及时清理。

6.3.3 施工现场用气应符合下列规定：

1 储装气体的罐并及其附件应合格、完好和有效；严禁使用减压器及其他附件缺损的氧气瓶，严禁使用乙炔专用减压器、回火防止器及其他附件缺损的乙炔瓶。

2 气瓶运输、存放、使用时，应符合下列规定：

1）气瓶应保持直立状态，并采取防倾倒措施，乙炔瓶严禁横躺卧放。

2）严禁碰撞、敲打、抛掷、滚动气瓶。

3）气瓶应远离火源，与火源的距离不应小于10m，并应采取避免高温和防止曝晒的措施。

4）燃气储装瓶罐应设置防静电装置。

3 气瓶应分类储存，库房内应通风良好；空瓶和实瓶同库存放时，应分开放置，空瓶和实瓶的间距不应小于1.5m。

4 气瓶使用时，应符合下列规定：

1）使用前，应检查气瓶及气瓶附件的完好性，检查连接气路的气密性，并采取避免气体泄漏的措施，严禁使用已老化的橡皮气管。

2）氧气瓶与乙炔瓶的工作间距不应小于5m，气瓶与明火作业点的距离不应小于10m。

3）冬季使用气瓶，气瓶的瓶阀、减压器等发生冻结时，严禁用火烘烤或用铁器敲击瓶阀，严禁猛拧减压器的调节螺丝。

4）氧气瓶内剩余气体的压力不应小于0.1MPa。

5）气瓶用后应及时归库。

（三）临时消防设施设置规定要求

《建设工程施工现场消防安全技术规范》（GB 50720—2011）

5.1 一般规定

5.1.1 施工现场应设置灭火器、临时消防给水系统和应急照明等临时消防设施。

5.1.2 临时消防设施应与在建工程的施工同步设置。房屋建筑工程中，临时消防设施的设置与在建工程主体结构施工进度的差距不应超过3层。

5.1.3 在建工程可利用已具备使用条件的永久性消防设施作为临时消防设施。当永久性消防设施无法满足使用要求时，应增设临时消防设施，并应符合本规范第5.2～5.4节的有关规定。

5.1.4 施工现场的消火栓泵应采用专用消防配电线路。专用消防配电线路应自施工现场总配电箱的总断路器上端接入，且应保持不间断供电。

5.1.5 地下工程的施工作业场所宜配备防毒面具。

5.1.6 临时消防给水系统的贮水池、消火栓泵、室内消防竖管及水泵接合器等应设置醒目标识。

5.2 灭火器

5.2.1 在建工程及临时用房的下列场所应配置灭火器：

1 易燃易爆危险品存放及使用场所。

2 动火作业场所。

3 可燃材料存放、加工及使用场所。

4 厨房操作间、锅炉房、发电机房、变配电房、设备用房、办公用房、宿舍等临时用房。

5 其他具有火灾危险的场所。

5.2.2 施工现场灭火器配置应符合下列规定：

1 灭火器的类型应与配备场所可能发生的火灾类型相匹配。

2 灭火器的最低配置标准应符合表 5.2.2-1 的规定。

灭火器的最低配置标准 表 5.2.2-1

项目	固体物质火灾		液体或可熔化固体物质 火灾、气体火灾	
	单具灭火器最小灭火级别	单位灭火级别最大保护面积（m^2/A）	单具灭火器最小灭火级别	单位灭火级别最大保护面积（m^2/B）
易燃易爆危险品存放及使用场所	3A	50	89B	0.5
固定动火作业场	3A	50	89B	0.5
临时动火作业点	2A	50	55B	0.5
可燃材料存放、加工及使用场所	2A	75	55B	1.0
厨房操作间、锅炉房	2A	75	55B	1.0
自备发电机房	2A	75	55B	1.0
变配电房	2A	75	55B	1.0
办公用房、宿舍	1A	100		

3 灭火器的配置数量应按现行国家标准《建筑灭火器配置设计规范》GB 50140 的有关规定经计算确定，且每个场所的灭火器数量不应少于 2 具。

4 灭火器的最大保护距离应符合表 5.2.2-2 的规定。

灭火器的最大保护距离（m） 表 5.2.2-2

灭火器配置场所	固体物质火灾	液体或可熔化固体物质 火灾、气体火灾
易燃易爆危险品存放及使用场所	15	9
固定动火作业场	15	9
临时动火作业点	10	6
可燃材料存放、加工及使用场所	20	12
厨房操作间、锅炉房	20	12
发电机房、变配电房	20	12
办公用房、宿舍等	25	

5.3 临时消防给水系统

5.3.1 施工现场或其附近应设置稳定、可靠的水源，并应能满足施工现场临时消防用水的需要。

消防水源可采用市政给水管网或天然水源。当采用天然水源时，应采取确保冰冻季节、枯水期最低水位时顺利取水的措施，并应满足临时消防用水量的要求。

5.3.2 临时消防用水量应为临时室外消防用水量与临时室内消防用水量之和。

5.3.3 临时室外消防用水量应按临时用房和在建工程的临时室外消防用水量的较大者确定，施工现场火灾次数可按同时发生 1 次确定。

5.3.4 临时用房建筑面积之和大于 1000m² 或在建工程单体体积大于 10000m³ 时，应设置临时室外消防给水系统。当施工现场处于市政消火栓 150m 保护范围内，且市政消火栓的数量满足室外消防用水量要求时，可不设置临时室外消防给水系统。

5.3.5 临时用房的临时室外消防用水量不应小于表 5.3.5 的规定。

临时用房的临时室外消防用水量 表 5.3.5

临时用房的建筑面积之和	火灾延续时间（h）	消火栓用水量（L/s）	每支水枪最小流量（L/s）
1000m² ＜面积≤ 5000m²	1	10	5
面积＞ 5000m²		15	5

5.3.6 在建工程的临时室外消防用水量不应小于表 5.3.6 的规定。

在建工程的临时室外消防用水量 表 5.3.6

在建工程（单体）体积	火灾延续时间（h）	消火栓用水量（L/s）	每支水枪最小流量（L/s）
10000m³ ＜体积≤ 30000m³	1	15	5
体积＞ 30000m³	2	20	5

5.3.7 施工现场临时室外消防给水系统的设置应符合下列规定：

1 给水管网宜布置成环状。

2 临时室外消防给水干管的管径，应根据施工现场临时消防用水量和干管内水流计算速度计算确定，且不应小于 DN100。

3 室外消火栓应沿在建工程、临时用房和可燃材料堆场及其加工场均匀布置，与在建工程、临时用房和可燃材料堆场及其加工场的外边线的距离不应小于 5m。

4 消火栓的间距不应大于 120m。

5 消火栓的最大保护半径不应大于 150m。

5.3.8 建筑高度大于 24m 或单体体积超过 30000m³ 的在建工程，应设置临时室内消防给水系统。

5.3.9 在建工程的临时室内消防用水量不应小于表 5.3.9 的规定。

在建工程的临时室内消防用水量   表 5.3.9

建筑高度、在建工程体积 （单体）	火灾延续时间 （h）	消火栓用水量 （L/s）	每支水枪最小流量 （L/s）
24m＜建筑高度≤50m 或 30000m³＜ 体积≤50000m³	1	10	5
建筑高度＞50m 或体积＞50000m³	1	15	5

5.3.10 在建工程临时室内消防竖管的设置应符合下列规定：

1 消防竖管的设置位置应便于消防人员操作，其数量不应少于 2 根，当结构封顶时，应将消防竖管设置成环状。

2 消防竖管的管径应根据在建工程临时消防用水量、竖管内水流计算速度计算确定，且不应小于 DN100。

5.3.11 设置室内消防给水系统的在建工程，应设置消防水泵接合器。消防水泵接合器应设置在室外便于消防车取水的部位，与室外消火栓或消防水池取水口的距离宜为 15m～40m。

5.3.12 设置临时室内消防给水系统的在建工程，各结构层均应设置室内消火栓接口及消防软管接口，并应符合下列规定：

1 消火栓接口及软管接口应设置在位置明显且易于操作的部位。

2 消火栓接口的前端应设置截止阀。

3 消火栓接口或软管接口的间距，多层建筑不应大于 50m，高层建筑不应大于 30m。

5.3.13 在建工程结构施工完毕的每层楼梯处应设置消防水枪、水带及软管，且每个设置点不应少于 2 套。

5.3.14 高度超过 100m 的在建工程，应在适当楼层增设临时中转水池及加压水泵。中转水池的有效容积不应少于 10m³，上、下两个中转水池的高差不宜超过 100m。

5.3.15 临时消防给水系统的给水压力应满足消防水枪充实水柱长度不小于 10m 的要求；给水压力不能满足要求时，应设置消火栓泵，消火栓泵不应少于 2 台，且应互为备用；消火栓泵宜设置自动启动装置。

5.3.16 当外部消防水源不能满足施工现场的临时消防用水量要求时，应在施工现场设置临时贮水池。临时贮水池宜设置在便于消防车取水的部位，其有效容积不应小于施工现场火灾延续时间内一次灭火的全部消防用水量。

5.3.17 施工现场临时消防给水系统应与施工现场生产、生活给水系统合并设置，但应设置将生产、生活用水转为消防用水的应急阀门。应急阀门不应超过 2 个，且应设置在易于操作的场所，并应设置明显标识。

5.3.18 严寒和寒冷地区的现场临时消防给水系统应采取防冻措施。

（四）防火管理制度内容

《建设工程施工现场消防安全技术规范》（GB 50720—2011）

6 防火管理

6.1 一般规定

6.1.1 施工现场的消防安全管理应由施工单位负责。

实行施工总承包时，应由总承包单位负责。分包单位应向总承包单位负责，并应服从总承包单位的管理，同时应承担国家法律、法规规定的消防责任和义务。

6.1.2 监理单位应对施工现场的消防安全管理实施监理。

6.1.3 施工单位应根据建设项目规模、现场消防安全管理的重点，在施工现场建立消防安全管理组织机构及义务消防组织，并应确定消防安全负责人和消防安全管理人员，同时应落实相关人员的消防安全管理责任。

6.1.4 施工单位应针对施工现场可能导致火灾发生的施工作业及其他活动，制订消防安全管理制度。消防安全管理制度应包括下列主要内容：

1 消防安全教育与培训制度。

2 可燃及易燃易爆危险品管理制度。

3 用火、用电、用气管理制度。

4 消防安全检查制度。

5 应急预案演练制度。

6.1.5 施工单位应编制施工现场防火技术方案，并应根据现场情况变化及时对其修改、完善。防火技术方案应包括下列主要内容：

1 施工现场重大火灾危险源辨识。

2 施工现场防火技术措施。

3 临时消防设施、临时疏散设施配备。

4 临时消防设施和消防警示标识布置图。

6.1.6 施工单位应编制施工现场灭火及应急疏散预案。灭火及应急疏散预案应包括下列主要内容：

1 应急灭火处置机构及各级人员应急处置职责。

2 报警、接警处置的程序和通讯联络的方式。

3 扑救初起火灾的程序和措施。

4 应急疏散及救援的程序和措施。

6.1.7 施工人员进场时，施工现场的消防安全管理人员应向施工人员进行消防安全教育和培训。消防安全教育和培训应包括下列内容：

1 施工现场消防安全管理制度、防火技术方案、灭火及应急疏散预案的主要内容。

2 施工现场临时消防设施的性能及使用、维护方法。

3 扑灭初起火灾及自救逃生的知识和技能。

4 报警、接警的程序和方法。

6.1.8 施工作业前，施工现场的施工管理人员应向作业人员进行消防安全技术交底。消防安全技术交底应包括下列主要内容：

1 施工过程中可能发生火灾的部位或环节。

2 施工过程应采取的防火措施及应配备的临时消防设施。

3 初起火灾的扑救方法及注意事项。

4 逃生方法及路线。

6.1.9 施工过程中，施工现场的消防安全负责人应定期组织消防安全管理人员对施工现场的消防安全进行检查。消防安全检查应包括下列主要内容：

1 可燃物及易燃易爆危险品的管理是否落实。

2 动火作业的防火措施是否落实。

3 用火、用电、用气是否存在违章操作，电、气焊及保温防水施工是否执行操作规程。

4 临时消防设施是否完好有效。

5 临时消防车道及临时疏散设施是否畅通。

6.1.10 施工单位应依据灭火及应急疏散预案，定期开展灭火及应急疏散的演练。

6.1.11 施工单位应做好并保存施工现场消防安全管理的相关文件和记录，并应建立现场消防安全管理档案。

（五）防火设备及设施布局要求

《建设工程施工现场消防安全技术规范》（GB 50720—2011）

3.1 一般规定

3.1.1 临时用房、临时设施的布置应满足现场防火、灭火及人员安全疏散的要求。

3.1.2 下列临时用房和临时设施应纳入施工现场总平面布局：

1 施工现场的出入口、围墙、围挡。

2 场内临时道路。

3 给水管网或管路和配电线路敷设或架设的走向、高度。

4 施工现场办公用房、宿舍、发电机房、变配电房、可燃材料库房、易燃易爆危险品库房、可燃材料堆场及其加工场、固定动火作业场等。

5 临时消防车道、消防救援场地和消防水源。

3.1.3 施工现场出入口的设置应满足消防车通行的要求，并宜布置在不同方向，其数量不宜少于2个。当确有困难只能设置1个出入口时，应在施工现场内设置满足消防车通行的环形道路。

3.1.4 施工现场临时办公、生活、生产、物料存贮等功能区宜相对独立布置，防火间距应符合本规范第3.2.1条和第3.2.2条的规定。

3.1.5 固定动火作业场应布置在可燃材料堆场及其加工场、易燃易爆危险品库房等全年最小频率风向的上风侧，并宜布置在临时办公用房、宿舍、可燃材料库房、在建工程等全年最小频率风向的上风侧。

3.1.6　易燃易爆危险品库房应远离明火作业区、人员密集区和建筑物相对集中区。

3.1.7　可燃材料堆场及其加工场、易燃易爆危险品库房不应布置在架空电力线下。

3.2　防火间距

3.2.1　易燃易爆危险品库房与在建工程的防火间距不应小于15m，可燃材料堆场及其加工场、固定动火作业场与在建工程的防火间距不应小于10m，其他临时用房、临时设施与在建工程的防火间距不应小于6m。

3.3　消防车道

3.3.1　施工现场内应设置临时消防车道，临时消防车道与在建工程、临时用房、可燃材料堆场及其加工场的距离不宜小于5m，且不宜大于40m；施工现场周边道路满足消防车通行及灭火救援要求时，施工现场内可不设置临时消防车道。

3.3.2　临时消防车道的设置应符合下列规定：

1　临时消防车道宜为环形，设置环形车道确有困难时，应在消防车道尽端设置尺寸不小于12m×12m的回车场。

2　临时消防车道的净宽度和净空高度均不应小于4m。

3　临时消防车道的右侧应设置消防车行进路线指示标识。

4　临时消防车道路基、路面及其下部设施应能承受消防车通行压力及工作荷载。

3.3.3　下列建筑应设置环形临时消防车道，设置环形临时消防车道确有困难时，除应按本规范第3.3.2条的规定设置回车场外，尚应按本规范第3.3.4条的规定设置临时消防救援场地：

1　建筑高度大于24m的在建工程。

2　建筑工程单体占地面积大于3000m^{2}的在建工程。

3　超过10栋，且成组布置的临时用房。

3.3.4　临时消防救援场地的设置应符合下列规定：

1　临时消防救援场地应在在建工程装饰装修阶段设置。

2　临时消防救援场地应设置在成组布置的临时用房场地的长边一侧及在建工程的长边一侧。

3　临时救援场地宽度应满足消防车正常操作要求，且不应小于6m，与在建工程外脚手架的净距不宜小于2m，且不宜超过6m。

（六）办公区、生活区临时用房防火规定要求

《建设工程施工现场消防安全技术规范》（GB 50720—2011）

4　建筑防火

4.1　一般规定

4.1.1　临时用房和在建工程应采取可靠的防火分隔和安全疏散等防火技术措施。

条文说明

4.1.2 临时用房的防火设计应根据其使用性质及火灾危险性等情况进行确定。

4.1.3 在建工程防火设计应根据施工性质、建筑高度、建筑规模及结构特点等情况进行确定。

4.2 临时用房防火

4.2.1 宿舍、办公用房防火设计应符合下列规定：

1 建筑构件的燃烧性能等级应为 A 级。当采用金属夹芯板材时，其芯材的燃烧性能等级应为 A 级。

2 建筑层数不应超过 3 层，每层建筑面积不应大于 300m²。

3 层数为 3 层或每层建筑面积大于 200m² 时，应设置至少 2 部疏散楼梯，房间疏散门至疏散楼梯的最大距离不应大于 25m。

4 单面布置用房时，疏散走道的净宽度不应小于 1.0m；双面布置用房时，疏散走道的净宽度不应小于 1.5m。

5 疏散楼梯的净宽度不应小于疏散走道的净宽度。

6 宿舍房间的建筑面积不应大于 30m²，其他房间的建筑面积不宜大于 100m²。

7 房间内任一点至最近疏散门的距离不应大于 15m，房门的净宽度不应小于 0.8m；房间建筑面积超过 50m² 时，房门的净宽度不应小于 1.2m。

8 隔墙应从楼地面基层隔断至顶板基层底面。

4.2.2 发电机房、变配电房、厨房操作间、锅炉房、可燃材料库房及易燃易爆危险品库房的防火设计应符合下列规定：

1 建筑构件的燃烧性能等级应为 A 级。

2 层数应为 1 层，建筑面积不应大于 200m²。

4.3 在建工程防火

4.3.1 在建工程作业场所的临时疏散通道应采用不燃、难燃材料建造，并应与在建工程结构施工同步设置，也可利用在建工程施工完毕的水平结构、楼梯。

4.3.2 在建工程作业场所临时疏散通道的设置应符合下列规定：

1 耐火极限不应低于 0.5h。

2 设置在地面上的临时疏散通道，其净宽度不应小于 1.5m；利用在建工程施工完毕的水平结构、楼梯作临时疏散通道时，其净宽度不宜小于 1.0m；用于疏散的爬梯及设置在脚手架上的临时疏散通道，其净宽度不应小于 0.6m。

3 临时疏散通道为坡道，且坡度大于 25° 时，应修建楼梯或台阶踏步或设置防滑条。

4 临时疏散通道不宜采用爬梯，确需采用时，应采取可靠固定措施。

5 临时疏散通道的侧面为临空面时，应沿临空面设置高度不小于 1.2m 的防护栏杆。

6 临时疏散通道设置在脚手架上时，脚手架应采用不燃材料搭设。

7 临时疏散通道应设置明显的疏散指示标识。

8 临时疏散通道应设置照明设施。

4.3.3 既有建筑进行扩建、改建施工时，必须明确划分施工区和非施工区。施工

区不得营业、使用和居住；非施工区继续营业、使用和居住时，应符合下列规定：

1 施工区和非施工区之间应采用不开设门、窗、洞口的耐火极限不低于3.0h的不燃烧体隔墙进行防火分隔。

2 非施工区内的消防设施应完好和有效，疏散通道应保持畅通，并应落实日常值班及消防安全管理制度。

3 施工区的消防安全应配有专人值守，发生火情应能立即处置。

4 施工单位应向居住和使用者进行消防宣传教育，告知建筑消防设施、疏散通道的位置及使用方法，同时应组织疏散演练。

5 外脚手架搭设不应影响安全疏散、消防车正常通行及灭火救援操作，外脚手架搭设长度不应超过该建筑物外立面周长的1/2。

4.3.4 外脚手架、支模架的架体宜采用不燃或难燃材料搭设，下列工程的外脚手架、支模架的架体应采用不燃材料搭设：

1 高层建筑。

2 既有建筑改造工程。

4.3.5 下列安全防护网应采用阻燃型安全防护网：

1 高层建筑外脚手架的安全防护网。

2 既有建筑外墙改造时，其外脚手架的安全防护网。

3 临时疏散通道的安全防护网。

4.3.6 作业场所应设置明显的疏散指示标志，其指示方向应指向最近的临时疏散通道入口。

4.3.7 作业层的醒目位置应设置安全疏散示意图。

（七）应急照明规定要求

《建设工程施工现场消防安全技术规范》（GB 50720—2011）

5.4 应急照明

5.4.1 施工现场的下列场所应配备临时应急照明：

1 自备发电机房及变配电房。

2 水泵房。

3 无天然采光的作业场所及疏散通道。

4 高度超过100m的在建工程的室内疏散通道。

5 发生火灾时仍需坚持工作的其他场所。

5.4.2 作业场所应急照明的照度不应低于正常工作所需照度的90%，疏散通道的照度值不应小于0.5lx。

5.4.3 临时消防应急照明灯具宜选用自备电源的应急照明灯具，自备电源的连续供电时间不应小于60min。

（八）消防安全其他管理及日常检查相关规定要求

《建设工程施工现场消防安全技术规范》（GB 50720—2011）

6.4.1　施工现场的重点防火部位或区域应设置防火警示标识。

6.4.2　施工单位应做好施工现场临时消防设施的日常维护工作，对已失效、损坏或丢失的消防设施应及时更换、修复或补充。

6.4.3　临时消防车道、临时疏散通道、安全出口应保持畅通，不得遮挡、挪动疏散指示标识，不得挪用消防设施。

6.4.4　施工期间，不应拆除临时消防设施及临时疏散设施。

6.4.5　施工现场严禁吸烟。

附件：

危险性较大的分部分项工程专项施工方案
严重缺陷清单（试行）

序号	分类	专项施工方案严重缺陷情形
一	通用条款	1. 无工程及周边环境情况描述
		2. 无施工风险辨识、风险分级及相应的风险管控措施
		3. 无施工现场布置图和资源配置计划表
		4. 施工工艺技术不满足设计和现场实际情况
		5. 无施工安全保证措施（含组织保障措施、技术保障措施、监测监控措施）
		6. 无施工管理及作业人员配备和分工、安全职责（含施工管理人员、专职安全生产管理人员、建筑施工特种作业人员和其他作业人员）
		7. 无关键工序检验与验收要求
		8. 无应急处置措施
		9. 设计和计算不符合强制性规范要求
		10. 无相关施工图纸
		11. 采用禁止使用的施工工艺、设备和材料
		12. 涉及有限空间作业，无通风、有害和可燃气体检测、专人监护等相应安全技术措施
		13. 涉及地下水，无地下水控制措施
		14. 涉及高空作业，无防高坠安全技术措施
		15. 涉及临时用电，无临时施工用电安全技术措施
		16. 涉及因建设工程施工可能造成损害的毗邻建筑物、构筑物、道路及地下管线等，无专项防护措施
		17. 存在其他重大施工安全风险，但无针对性施工安全保证措施
二	基坑工程	1. 未明确土方开挖施工工艺
		2. 无支护体系施工工艺及要求
		3. 地下水位之下施工锚杆，无防漏水漏砂措施
		4. 支撑结构与围护结构未实现有效连接
		5. 未明确支撑工程拆撑条件及拆撑顺序
三	模板及支撑体系工程	1. 爬模无附着支撑、承载体设计
		2. 滑模无支撑节点构造设计
		3. 滑模施工无混凝土强度保证及监测措施
		4. 支撑架基础存在沉陷、坍塌、滑移风险，无防范措施
		5. 高宽比大于3的独立支撑架无架体稳定构造措施
		6. 模板及支撑体系未明确安装、拆除顺序及安全保证措施

序号	分类	专项施工方案严重缺陷情形
四	起重吊装及安装拆卸工程	1. 采用汽车起重机或流动式起重机，未明确站车位置和行走路线，未对支撑面、行走路线的平整度、承载能力进行验算
		2. 借用既有建筑结构的，未对既有建筑的承载能力进行验算
		3. 未进行起重机械的选择计算、未明确吊装工艺（至少应包含施工工艺、吊装参数表、机具、吊点及加固、工艺图）
		4. 架桥机架梁工程，未对纵、横向的稳定性进行校核，未明确支腿的稳固措施
		5. 起重机械作业安全距离不满足规范要求，覆盖人员密集场所无有效措施
		6. 多机联合起重工程，未对荷载分配和起重能力进行校核，无多机协调作业的安全技术措施
		7. 对构件翻身、空中姿态控制、夺吊、递吊等关键环节要求较高的操作技能和配合协调指挥，无工艺描述
		8. 未对刚性较差的被吊物吊装工况进行力学验算
		9. 无吊具、索具安全使用说明和起重能力的验算
		10. 起重机械安装、拆除专项方案中未明确安装拆除方法
		11. 现场制作吊耳的，未对吊耳承载能力进行验算
五	脚手架工程	1. 脚手架基础或附着结构不满足承载力要求
		2. 高度超过50m落地脚手架及高度超过20m悬挑脚手架无架体卸荷措施
		3. 吊挂平台操作架及索网式脚手架工程无搭设和拆除的施工工序设计
		4. 非标准吊篮无构件规格、材质、连接螺栓、焊缝及连接板的设计要求
		5. 附着式升降脚手架架体悬臂高度超规范且无加强措施
六	拆除工程	1. 施工场区存在需要保护的结构、管线、设施和树木但无相应的安全技术措施
		2. 无拆除施工作业顺序安排和主要拆除方法
		3. 影响保留部分结构安全的局部拆除无先加固或者支撑措施
		4. 无拆除吊运和拆除作业平台（装置、结构、场地）设计或设置
		5. 采用机械破碎缺口定向倾倒拆除高耸构筑物或者爆破拆除时无预估塌散范围、减振、控制飞散物等安全技术措施
七	暗挖工程	1. 矿山法施工，无超前预支护施工的技术参数
		2. 马头门处无加固措施及开洞顺序
		3. 无土方开挖与支护结构施工步序图
		4. 无拆除临时支撑的安全技术措施
		5. 风险较高的区段（仰挖、俯挖、转弯、挑高、扩宽、平顶直墙、邻近工程等），无施作方法及其安全技术措施
		6. 无盾构设备选型及适应性、可靠性评估
		7. 无盾构始发与接收的安全技术措施
		8. 盾构穿越特殊地段的掘进无安全技术措施
		9. 盾构开仓作业或临时停机，无开挖面稳定和周边环境保护的安全技术措施
		10. 无顶管设备选型及适应性评估
		11. 无顶管始发与接收的安全技术措施

序号	分类	专项施工方案严重缺陷情形
八	建筑幕墙安装工程	1. 无型钢悬挑梁、U 形环和锚固螺栓的规格型号
		2. 非标吊篮无构件规格、材质、连接螺栓、焊缝及连接板设计要求
		3. 无相关运输设备及设施（轨道吊、轨道吊篮、小吊车、炮车、卸料平台等）的构件规格型号
		4. 无材料运输、安装设备运输安装工艺
		5. 采用轨道吊篮时，无吊篮与环轨连接构造；无缆风绳稳固措施
		6. 同一立面内交叉作业，无安全技术措施
九	人工挖孔桩工程	1. 无混凝土护壁施工工序
		2. 开挖范围内有易塌方地层，无防塌方措施
		3. 孔底扩孔部位无防塌落措施
		4. 无防止物体打击措施
		5. 相邻挖孔桩之间无挖孔和灌注混凝土间隔施工的工序安排
十	钢结构安装工程	1. 无起重设备吊装工况分析及未明确起重设备站位和行走路线图
		2. 无吊具、索具安全使用说明和起重能力的验算
		3. 对支承流动式起重设备的地面和楼面，尤其是支承面处于边坡或临近边坡时，未对支承面及行走路线的承载能力进行确认，未采取相关安全技术措施
		4. 对未形成稳定单元体系的安装流水段或结构单元，未及时采取相应的安全技术措施
		5. 对吊装易变形失稳的构件或吊装单元，未采取防变形措施
		6. 对被提升、顶升、平移（滑移）或转体的结构，未进行相关的工况分析或采取相应的工艺措施
		7. 无临时支承结构（含承重脚手架）搭设和拆除施工工艺
		8. 采用双机抬吊或多机联合起升的，未对荷载分配和额定起重能力进行校核，无双机或多机协调起重作业的安全技术措施
		9. 无索结构安装张拉力控制标准

备注：

1. 本清单适用于新建、扩建、改建、拆除房屋市政工程专项施工方案编制、审核、审查、专家论证等环节的严重缺陷判定；
2. 第一条通用条款，适用全部危险性较大的分部分项工程专项施工方案严重缺陷判定；
3. 在专项施工方案审核、审查、专家论证等环节，方案存在严重缺陷的，其审核、审查和专家论证应不予通过；
4. 在专项施工方案实施环节，方案存在严重缺陷的，应判定为重大事故隐患。